KB201274

계산전자공학 입문
- 반도체 공정 -

GIST PRESS
032

계산전자공학 입문
- 반도체 공정 -

저자 **홍성민**
GIST 전기전자컴퓨터공학부

COMPUTA
TIONAL
ELECTRO
NICS

GIST PRESS
광주과학기술원

　저자는 2021년에 미국 캘리포니아주 산호세에 있는 삼성 연구소의 박홍현 박사와 함께 저술한 전작 『계산전자공학 입문』을 통해, 계산전자공학을 소개하는 기회를 가질 수 있었다. 특히 계산전자공학의 중요한 두 축들 가운데 하나인 반도체 소자 시뮬레이션을 구체적인 예와 함께 설명하였다.

　계산전자공학의 또 다른 큰 축은 반도체 공정 시뮬레이션이지만, 『계산전자공학 입문』에서는 다루지 못하였다. 그 책의 서론에서 "앞으로 공정 시뮬레이션의 전문가들에 의해 공정 시뮬레이션에 대해서도 이와 유사한 입문서가 나오기를 기대해본다."라고 적었으나, 출판 후 몇 년이 지난 지금도 이러한 성격의 책은 찾아볼 수 없으며, 가까운 시일 내에 기대하기도 어렵다.

　이러한 상황을 고려하여, 비록 저자가 반도체 공정 시뮬레이션을 오랫동안 연구해 온 전공자가 아님에도, 새로 연구를 시작하는 연구자들을 위해 공정 시뮬레이션에 대한 입문서를 쓰게 되었다. 능력이 충분하지 않음에도 "부족해도 없는 것보다는 낫다."라는 마음가짐으로 저술하였으므로 부족한 점들에 대한 독자들의 너른 양해를 부탁드린다. 이 책이 시발점이 되어, 더 훌륭하고 전문적인 서적들이 출판되기를 바란다.

　소자 시뮬레이션은 전자/홀 수송 방정식을 Poisson 방정식과 모순되지 않도록 함께 풀어주는 것이 요체이며, 비록 다양한 모델들이 존재하더라도 이들의 원리는 동일하다. 이에 비해 공정 시뮬레이션은 고려하는 공정에 따라서 적용되어야 하는 원리들이 다르며, 이에 따라 좀 더 다양한 상황들을 다루게 된다. 또한 시뮬레이션 결과의 정확성을 판단할 때에도, 소자 시뮬레이션은 단자 전류 등과 같은 측정값으로부터 손쉽게 정확성을 계량화할 수 있는 반면, 공정 시뮬레이션은 결과물이 반도체 소자의 구조, 원자들의 분포, 결정 구조 내부의 결함 등이므로 정확성을 계량화하기가 쉽지 않다. 이러한 분야의 차이 때문에, 계산전자공학을 소개한다는 목적은 같지만, 이 책은 전작인 『계산전자공학 입문』과 여러 측면에서 차이점을 보인다.

이 책은 반도체 소자를 제조하는 과정에서 필요한 중요한 공정들에 대한 시뮬레이션 기법들을 설명한다. 산화 공정, 확산 공정, 이온 주입 공정의 기본 원리들을 소개하고 이들을 컴퓨터 시뮬레이션으로 다루어 본다. 아울러 박막 증착 공정과 식각 공정을 위한 공정 에뮬레이션을 간단히 소개한다. 계산전자공학 분야의 특성상, 실제 수치해석 프로그램을 작성하는 것이 필수적이므로, 이에 대한 적절한 수준의 실습 예제들을 제시하여 피상적인 이해를 뛰어넘을 수 있도록 하였다. 전작인 『계산전자공학 입문』에서는 독자들에게 도움이 되길 희망하며, 부록에 MATLAB으로 작성한 코드를 수록하였다. 안타깝게도, 수록된 코드가 오히려 독자들이 스스로 문제 해결을 위해 고민하는 소중한 경험을 방해하는 경우들을 많이 보게 되어, 이 책에서는 다른 접근법을 취하였다. 코드를 수록하는 대신, 실습 예제를 풀어나가면서 자신의 코드가 올바르게 개발되고 있는지 확인할 수 있는 중간 결과들을 상세하게 보였다. 모쪼록 이러한 접근법이 독자들에게 더 좋은 영향을 줄 수 있기를 희망해 본다.

제1장에서는 공정 시뮬레이션 분야의 간단한 역사와 현재의 상태를 설명한다. 2차원/3차원 mesh에 대한 처리와 과도 응답 계산과 같이, 공정 시뮬레이션을 다루다 보면 필수적으로 필요한 수치해석 기법들을 제2장에서 다룬다. 제3장에서는 산화 공정을 다루는데, 먼저 간단한 Deal-Grove 모델에서부터 시작하여 부피 변화를 고려하는 수치해석 모델로 발전해 나간다. 제4장에서는 공정 시뮬레이션의 중요한 분야들 중 하나인 불순물의 확산 현상을 다룬다. 제5장은 이온 주입을 위한 장인데, 먼저 주입된 이온의 분포를 위한 해석적인 식들을 소개한다. 최근에는 소형화된 소자 구조의 정확한 시뮬레이션을 위해 Monte Carlo 기법이 많이 사용되고 있으므로 이에 대해서 간략하게 소개한다. 박막의 증착과 식각은 반도체 공정의 핵심이지만, 구조의 변화가 수반되기 때문에 수치해석으로 다루는 것이 간단하지 않다. 최근에는 level-set 방법을 사용한 공정 에뮬레이션이 널리 사용되고 있으므로, 제6장에서는 구체적인 물리적 모델을 다루지 않고 구조의 변화만을 추적하는 공정 에뮬레이션을 소개한다. 이 장을 통해, 증착과 식각을 어떻게 묘사할 수 있는지 배우게 된다. 제7장에서는 이 책에서 배운 다양한 기법들을 종합하여 MOSFET 공정을 시뮬레이션해 본다. 마지막으로 제8장은 요약을 한 후 미처 다루지 못한 관련 주제들을 소개한다.

독자는 계산전자공학 분야, 특히 그중에서도 공정 시뮬레이션에 관심이 있는 대학원생 또는 연구자를 상정하였으며, 강의의 교재로 혹은 자습서로 이 책을 읽게 된다고 가정하였다. 또한 전작인 『계산전자공학 입문』에서 다룬 내용들을 다시 다루는 일은 피하면서도, 이 책을 이해하는 데 필요한 지식을 자기완결적으로 모두 담을 수 있도록 노력하였다. 어려운 개념이 등장하면 일상생활에서 볼 수 있는 현상들에 비유하여 쉽게 설명하려고 시도하였다. 그러나 이러한 구성 때문에, 이 책에서 다루는 내용들은 범위나 깊이 면에서 현업의 연구자가 참고자료로 사용하기에는 부족할 것이다. 이러한 연구자들은 J. D. Plummer, M. Deal, P. B. Griffin, 『Silicon VLSI Technology: Fundamentals, Practice and Modeling』이나 J. D. Plummer, P. B. Griffin, 『Integrated Circuit Fabrication: Science and Technology』, 그리고 최우영, 박병국, 이종덕의 『실리콘 집적회로 공정기술의 기초』와 같은, 높은 수준의 전문 서적들을 참고할 수 있을 것이다. 저자 역시 이 책을 저술하는 과정에서, 특히 위의 세 책을 많이 참고하였음을 밝혀둔다.

이 책의 장들의 배치는 통상적으로 공정에 대한 전문 서적들의 배치를 따랐으며, 충분한 시간이 있다면 처음부터 끝까지 순서대로 읽어가며 실습하는 것이 가장 이상적이다. 그러나 강의의 교재로 이 책이 활용될 경우, 한 학기에 모든 내용을 다 다루기는 어려울 것이며, 해당 강의에서 주안점을 두고 있는 공정 위주로 선택적으로 다루는 것이 적합할 것이다. 다만, 최근 그 실무적인 중요성이 점점 커지고 있는 공정 에뮬레이션에 대한 제6장을 강의에서 다루는 것이 학생들에게 특히 유용할 것이다.

이 책과 전작인 『계산전자공학 입문』은 광주과학기술원(GIST)에서 매년 가을학기에 개설되고 있는 '계산전자공학' 과목의 강의교재를 밑바탕으로 하여 작성되었다. 2018년, 2020년, 2022년, 2023년, 2024년에 개설된 계산전자공학 과목의 녹화된 동영상 강의들은 https://youtube.com/@TCADHong에서 찾아볼 수 있다. 저자의 연구실인 광주과학기술원 반도체 소자 시뮬레이션 연구실의 대학원생들에게 초고를 읽어보고 오류를 지적해 준 것에 대해 감사의 말을 전한다. 원고를 검토해주시고 개선을 위한 조언을 주신 안치학 박사님과 이병학 박사님께 감사드린다. 제7장에서 서울대학교 반도체공동연구소 0.25 마이크론 CMOS 공정의 레시피를 활용할 수 있도록 허락해 주신 서울대학교 반도체공동연구소 이혁재 소장님과 집행부 교수님들께 감사드린다. 또한 급한 일정으로 출판 신청을 하였음에도 중간 과정에서 많은 도움을 주신 GIST Press 관계자들께도 감사드린다.

모쪼록 이 책과 전작인 『계산전자공학 입문』이 계산전자공학이라는 매력적인 분야에 대한 유용한 입문서로 쓰여서, 관련 분야 연구를 시작하는 연구자들에게 길잡이가 되기를 바란다.

2025년 2월
광주에서 홍성민 씀

감사의 글

저의 대학원 은사님들이신 민홍식 교수님과 박영준 교수님의 가르침에 깊이 감사드립니다. 저의 오랜 친구이자 존경스러운 동료인 진성훈 박사 그리고 아끼는 후배 박홍현 박사에게 감사합니다. 또한 늘 격려해 주시는 이종호 교수님과 최우영 교수님께 감사드립니다.

이 책은 저의 세 번째 저서입니다. 첫 번째 저서인 『Deterministic Solvers for the Boltzmann Transport Equation』은 부모님께 바치는 책이며, 두 번째 저서인 『계산전자공학 입문』은 사랑하는 아내 윤영민을 위한 책입니다. 세 번째 책은 소중한 아이들인 진기와 리나를 위한 책입니다. 이 책이 아빠가 집에 없던 저녁 시간에 대한 조그마한 핑곗거리가 되기를 기대해 봅니다.

운이 좋게도 "평생 세 권의 책을 써보고 싶었던" 대학원생 시절의 꿈을 예상보다 빠르게 이루었습니다. 앞으로 제가 배운 지식을 어떻게 세상에 나누며 살아갈 수 있을지 고민해 나가겠습니다.

CONTENTS

주요
표기법

좌표계를 어떻게 설정하는지는 문헌마다 항상 다르며, 이것이 독자들에게 혼동을 불러일으키는 경우가 많으므로 직관적이고 일관된 좌표계를 사용하는 것이 필요하다. 이 책에서는 1차원 시스템을 다룰 때 x를 좌표로 지칭하였다. 2차원 시스템에서는 x와 y를 사용했다.

또한 인덱스를 0부터 시작할 것인가 1부터 시작할 것인가 하는 선택의 문제가 있다. 전작인 『계산전자공학 입문』은 MATLAB 예제를 제공하기 때문에 1부터 시작하는 인덱스를 도입하였다. 이 책에서는 주로 Python을 사용하여 실습 예제의 답들을 작성했기 때문에, 0부터 시작하는 인덱스를 도입하였다. 이 밖에 C++와 같이 다른 언어로 작성한다면, 각 언어가 지원하는 인덱스를 감안하고 프로그램을 작성해야 한다.

제2장에서는 이 책 전반에 걸쳐 사용되는 구조 파일 형식이 도입되는데, 이 경우는 흔히 사용되는 관례에 따라서 점을 1부터 번호 붙여서 표시하였다.

하나의 기호에는 오직 하나의 의미만 부여하고 싶지만, 그렇지 못한 경우들이 있다. 예를 들어, N은 자연수인 변수의 개수를 뜻하도록 사용될 때도 있으며, 농도를 나타낼 때도 있다. 따라서 각각의 기호가 뜻하는 바는 맥락에 따라 이해하여야 한다.

마지막으로 인덱스를 나타내는 변수로 자주 i가 사용되는데, 문맥에 따라 다양한 값들의 인덱스에 적용된다. 또한 이 인덱스 변수는 아래 첨자로 사용되기도 한다.

주요 상수들

다음의 상수들은 흔히 사용되기 때문에 정리해 보았다. 본문에 나오는 실습 결과들도 이 상수들을 바탕으로 계산되었다. 그러나 이 값들은 가장 최근의 측정 결과들이나 표준과는 약간의 차이가 있을 수 있음을 미리 알려둔다. 예를 들면 reduced Planck constant인 $\hbar$의 값도 다양한 문헌이나 시뮬레이션 코드들에서 조금씩 다른 값들이 사용되고 있다. 따라서 여기 있는 값들이 절대적으로 옳은 값이라고 여기지 말고, 결과 검증의 편리성을 위한 약속이라고 생각하면 좋을 것이다.

기호	의미	값(단위)
q	전자의 전하량 (절댓값)	1.602192e−19 (C)
k_B	볼츠만 상수	1.380662e−23 (J/K)
ϵ_0	진공의 유전율	8.854187817e−12 (F/m)
μ_0	진공의 투자율	4e−12×π (H/m)
h	플랑크 상수	6.62617e−34 (J/s)
$\hbar$	플랑크 상수 (2π로 나눈 값)	$\dfrac{h}{2\pi}$
m_0	전자의 정지질량	9.109534e−31 (kg)

CHAPTER

01

·

서 론

서 론

1.1 계산전자공학에 대하여

(*아래의 내용은 전작인 『계산전자공학 입문』에 적은 내용을 최근의 반도체 산업의 발전과 반도체 공정 시뮬레이션이라는 책의 주제에 맞추어 수정한 것임을 미리 알린다.)

계산전자공학(Computational Electronics)이란 전자공학의 한 분야로서, 전자공학에서 다루는 다양한 문제들을 컴퓨터 수치해석(Numerical analysis) 기법을 통하여 해결하고자 하는 학문이다. 오늘날 전자공학에서 다루는 문제들이 점점 더 복잡해짐에 따라 사람의 직관과 분석 능력 이상의 정확성이 요구되고 있다. 따라서 계산전자공학 분야에서 제공하는 컴퓨터 프로그램들은 전자공학 연구 개발에 있어서 필수적인 도구가 되었다.

먼저 계산전자공학이라는 학문 이름이 널리 알려지지 않았으므로, 이 의미에 대해서 생각해 보자. 전자공학은 반도체, 통신, 제어, 신호처리 등 많은 분야를 포함하고 있다. 또한 컴퓨터 계산을 활용하여 공학적인 문제를 해결하고자 하는 것은 요즘 들어 어느 한 분야만의 전유물이 아닌 매우 광범위하게 적용되는 방법론이다. 예를 들어 Computational Physics, Computational Chemistry, Computational Biology, Computational Geoscience, Computational Mechanics 등과 같은 다양한 분야들이 존재하고 있다. 이런 측면에서 계산전자공학 또는 Computational Electronics 라는 학문 이름은 불분명한 측면이 있다. 좀 더 구체적으로 표현하자면, 여기서 사용된 Electronics라는 표현은 전자공학의 여러 분야 중에서 반도체 소자 공학을 나타낸다. 트랜지스터와 같은 반도체 소자를 처음 다루는 과목인 "전자회로"가 영어로는 Microelectronics인 것과 비슷한 상황이다. 즉, 계산전자공학은 반도체 소자 공학에서 발생하는 문제를 컴퓨터 계산을 활용하여 해결하고자 하는 학문이다. 계산 반도체 소자 공학이라 부르는 것이 더 적합할 수도 있겠으나, 계산전자공학이라는 용어가 학계에서 널리 사용되고 있으므로 그대로 따르게 되었다.

반도체 소자 공학은 반도체 소자의 성능을 높이기 위해 소자의 물질이나 구조 등을 선택하고 최적화하여 성공적인 반도체 소자 기술을 개발하는 것을 목적으로 한다. 성공적인 반도체 소자 기술을 활용하여 반도체 회로가 설계되며, 이러한 반도체 회로가 전자공학의 하드웨어 구현에 사용되기 때문에, 반도체 소자 공학은 전자공학의 가장 아래쪽 기반이 되는 분야라고 할 수 있다. 최종적으로는 반도체 소자 기술을 개발하여야 할 것이므로, 이를 위한 뛰어난 소자 제작 기술이 필요할 것이다. 그러나 수없이 많은 디자인 변수를 조합하여 매번 더욱 상향되는 성능 목표들을 맞추는 반도체 소자 기술을 개발하는 일은, 디자인 변수와 소자 성능 사이의 관계를 명확하게 이해하지 못하고서는 이뤄낼 수 없다. 예를 들어, 현재 가지고 있는 반도체 소자보다 면적은 50 %밖에 안 되면서 동작 속도는 30 %가량 빠르며 소자당 전력 소모도 (동작 주파수가 높아짐에도 불구하고) 50 %밖에 안 되는 소자 기술을 몇 년이라는 짧은 시간 내에 개발해야 한다고 가정하자. 명확한 개발 방향성을 가지지 못한 채 열심히 만들어 보는 것만으로는 목표를 이루어낼 수 없을 것이다.

다음 세대 반도체 소자 기술을 개발하는 일은 기술적으로 아주 어렵고 복잡성이 높은 일이 되어 가고 있다. 오늘날 최첨단 반도체 소자를 제작할 수 있는 업체들은 전 세계적으로도 한 손에 꼽을 정도만 남아 있으며, 이 업체들은 성능이 개선된 다음 세대 반도체 소자 기술을 먼저 개발하고 제공하여, 시장을 주도하기 위해 매우 치열하게 경쟁하고 있다. 이러한 상황에서, 반도체 소자 기술 개발에 필요한 시간을 줄이는 것이 중요하며, 개발 시간 단축을 위해서는 방대한 디자인 변수들의 조합 중에서 실제로 소자 성능을 개선할 가능성을 가진 후보들만을 선별해 내는 것이 필수적이다. 현재 계산전자공학 분야의 성과물들인 "반도체 공정 시뮬레이터"나 "반도체 소자 시뮬레이터"와 같은 컴퓨터 프로그램들은 반도체 소자 기술을 개발하는 업체들에서 필수적으로 사용되고 있다.

이러한 컴퓨터 프로그램들을 활용한 일련의 활동들은 TCAD(Technology Computer-Aided Design)라고 불린다. 컴퓨터 지원 설계(CAD)라는 표현은 자동차, 항공기, 건설 등과 같은 분야에서 컴퓨터를 이용하여 설계를 수행하는 활동을 나타내는 말이었는데, 이와 유사하게 반도체 소자 기술 개발을 컴퓨터 프로그램의 도움을 받아 수행하는 것을 Technology라는 말을 붙여 TCAD라 부르게 되었다. Technology는 매우 다양한 의미로 사용되는 단어지만, 여기서는 "반도체 소자 기술"을 지칭하기 위해 사용하였으며, TCAD라는 표현이 표준적으로 사용되는 용어이기 때문에 받아들이기로 한다. 인접한 분야에서의 유사한 명명법으로 SPICE와 같은 회로 시뮬레이터 프로그램을 사용하여 회로 설계를 진행하는 것을 ECAD(Electronic Computer-Aided Design)라고 부르는 경우를 들 수 있다. 물론 ECAD라는 용어와 더불어 EDA(Electronic Design Automation)이라는 용어도 빈번히 사용된다. 간단히 말해, TCAD란 표현은 계산전자공학의 결과물을 산업적으로 응용하는 것에 중점을 둔 것이라 볼 수 있다.

TCAD에 사용되는 소프트웨어들을 통칭하여 TCAD 툴(Tool)이라 부르곤 하는데, 이러한 TCAD 툴을 전문적으로 개발하여 공급하는 업체들이 존재한다. 전통적으로 TCAD 툴을 몇십 년 동안 만들어온 대표적인 기업으로 'Synopsys'와 'Silvaco'가 있다. 최근에는 비엔나 공과대학의 졸업생들이 주축이 되어 설립한 'Global TCAD Solutions'가 성장하고 있다. 또한 'Lam Research'에서는 SEMulator3D와 같은 반도체공정 모델링 플랫폼을 제공하고 있으며, 'Applied Materials'에서는 Ginestra라는 재료 특성에 따른 소자 성능을 예측하는 소프트웨어를 제공하고 있다. 이와 같은 새로운 업체들의 진입은, TCAD 분야에서 고려해야 하는 범위가 점차 넓어지고 있기 때문이다. 최근 'Sysnopsys'가 공학 시뮬레이션 소프트웨어 회사인 'ANSYS'를 350억 달러에 인수한 사례에서 알 수 있듯, 이제 TCAD의 범위는 전기적인 특성을 넘어서 반도체 칩의 성공적인 동작을 보장하기 위한 모든 문제를 다루는 방향으로 확대되어 가고 있다.

주어진 공정 조건으로부터 최종적으로 반도체 소자의 성능을 예측하는 과업을 이루기 위해서는 1) 공정 조건으로부터 생성될 반도체 소자의 구조를 예측하는 과정과 2) 반도체 소자의 구조로부터 전기적 특성을 예측하는 과정이 필요하게 된다. 이 두 가지 과정은 각각 "공정 시뮬레이션(Process simulation)"과 "소자 시뮬레이션(Device simulation)"이라고 불려왔다. 그리고 이러한 목적을 위해 만들어진 컴퓨터 프로그램들을 각각 "공정 시뮬레이터(Process simulator)"와 "소자 시뮬레이터(Device simulator)"라고 부른다.

공정 시뮬레이션과 소자 시뮬레이션은 순차적으로 이루어진다. 실제 차세대 소자 기술 개발에 적용될 때, 소자의 성능을 개선할 수 있는 방향들을 도출한 뒤, 이러한 예상이 맞는지 확인하기 위해 수정된 공정 조건이나 소자 디자인을 바탕으로 다시 반복적으로 유사한 시뮬레이션을 수행할 것이다. 물론 이러한 과정은 반도체 TCAD 시뮬레이션 안에서만 이루어지지 않고, 실제로 제작되고 측정된 소자 성능의 실측값과의 비교를 통해서 그 유효성이 검증되어 나갈 것이다. 이 책에서는 반도체 공정에 대한 공정 시뮬레이션을 고려한다.

지금까지 계산전자공학의 산업적인 측면을 부각하여 보았다. 다른 한편으로는 계산전자공학은 학술적인 측면에서도 매우 흥미로운 분야다. 반도체 소자의 구조를 예측하는 것이 공정 시뮬레이션의 궁극적인 목적이기 때문에, 반도체 소자를 구성하는 기본 단위인 원자들의 움직임에 대한 묘사가 필요하다. 그러나 반도체 소자 내부에 존재하는 원자들의 숫자가 너무 많으므로, 이들을 모두 다루는 것은 매우 비효율적이다. 결국 적절한 근사를 통해서 훨씬 간략화된 미분 방정식을 풀어주게 되므로, 결국 계산전자공학의 목적을 달성하기 위해서는 미분 방정식을 컴퓨터 수치해석을 활용하여 풀어주어야 하는 것이다.

이러한 측면에서, 계산전자공학, 그중에서도 공정 시뮬레이션은 원자들의 거동에 대한 이해와 함께, 이들의 평균적인 움직임에 대한 적절한 근사, 그리고 얻어지는 미분 방정식을 풀기 위한 수치해석 기법 등 다양한 측면에서의 지식이 필요하게 된다. 이러한 다양성은 계산전자공학을 매우 다채로운 학문으로 만들어 주며, 여러 종류의 관심사를 가진 연구자들에게 흥미를 불러일으키게 된다.

정리하면, 계산전자공학이라는 학문은 학술적인 측면에서는 매우 풍부한 연구 주제들을 제시해 주면서, 동시에 산업적인 측면에서도 극히 중요한 최첨단 반도체 소자 기술을 다룬다는 중요성을 가지고 있다. 이러한 측면이 계산전자공학을 매우 매력적인 분야로 만들어 준다.

1.2 공정 시뮬레이션에서 다루는 범위

앞서 계산전자공학에 대한 전반적으로 소개했는데, 이 절에서는 공정 시뮬레이션에서 다루는 대상의 범위가 어느 정도인지를 좀 더 구체적으로 설명하고자 한다. 다루는 범위에 따라서 다음과 같이 분류해 볼 수 있다.

■ 장비(Equipment) 시뮬레이션: 이것은 반도체 공정을 수행하는 기계 장비에 대한 시뮬레이션을 말한다. 예를 들어서 식각 공정 등에서 플라즈마(Plasma)가 필요한데, 이 플라즈마는 반도체 기판 근처에서 균일한 성질을 보여야 한다. 이러한 플라즈마를 생성하기 위해서는 진공 챔버(Chamber)가 필요한데, 이러한 챔버의 모양이나, 챔버 내부의 진공

도, 인가되는 전력의 크기, 아르곤(Ar)과 같은 가스의 유량 등에 따라서 생성되는 플라즈마의 성질 및 공간적인 균일도가 달라지게 될 것이다. 플라즈마 장비 말고 열확산 공정을 생각해 볼 때에도, 장비를 어떻게 만드느냐에 따라서 장비 내부의 온도가 균일하게 유지될 수도 있고 위치마다의 차이가 클 수도 있다. 이렇듯, 반도체 공정에서 사용되는 장비 자체를 시뮬레이션의 대상으로 삼는 것을 장비 시뮬레이션이라고 부른다. 물리적인 크기로 생각해 보면, 대략 수 mm부터 수 m까지의 규모에 해당할 것이다. 주로 사용되는 원리는 계산 유체 역학(Computational fluid dynamics)이 된다. 이 분야는 이 책에서는 다루는 공정 시뮬레이션과 밀접하게 연관이 되어 있지만 같은 분야는 아니며, 공정 시뮬레이션에서는 우수한 장비가 제공하는 균일한 공정 조건이 준비되어 있다고 본다.

■ 공정 시뮬레이션: 이 분야가 이 책에서 다루는 내용에 해당한다. 앞의 플라즈마 식각 장비를 생각하면, 장비가 성공적으로 동작해서 균일한 플라즈마가 반도체 기판 위에 생성되었다고 생각하고, 동작 조건에 따른 반도체 기판 표면 근처 구조의 변화를 추적한다. 이런 관점에서는 플라즈마는 식각이 일어날 수 있게 돕는 도구이며, 주된 관심사는 반도체 기판 표면 근처의 모양이므로, 앞의 장비 시뮬레이션보다 관심을 가지는 물리적인 크기가 무척 작다. 대략 수 nm부터 수 μm까지의 규모에 해당할 것이다.

■ 원자 단위 시뮬레이션: 우리의 주된 관심사는 공정 시뮬레이션이지만, 이러한 공정은 주로 표면에서의 화학 반응을 통해서 일어나게 된다. 따라서 정확한 공정 시뮬레이션을 위해서는 각 단위 반응에 대한 올바른 이해가 필요하게 된다. "식물이 햇볕을 받으면 광합성을 해서 영양분을 만든다."라는 사실만을 아는 것과 광합성의 구체적인 화학 반응을 아는 것은 이해의 차원이 다른 것이다. 이와 유사하게, 플라즈마 식각의 예에서도 단순히 실험적으로 식각률을 아는 것과 구체적인 반응 과정을 이해하는 것은 큰 차이가 있다. 물리적인 크기는 nm 스케일이 되며, 주로 분자 동역학(Molecular dynamics) 같은 방법론이 적용되곤 한다. 이 분야는 전통적인 의미에서 공정 시뮬레이션에 속하지는 않지만, 최근의 극도로 소형화된 소자 기술에서는 원자 단위 시뮬레이션을 고려하지 않고서는 올바른 공정 시뮬레이션이 불가능하다. 따라서 앞으로 그 중요성이 더욱 커질 것이라 예상된다.

이렇게 관련된 세 가지 시뮬레이션 분야들을 나열하고 그들 각각에 대해서 설명해 보았다.

위의 논의를 통해, 장비 시뮬레이션은 밀접한 연관이 있으나 공정 시뮬레이션과는 별개의 분야임을 알 수 있었고, 원자 단위 시뮬레이션은 공정 시뮬레이션과 하나로 합쳐지고 있다. 이 책은 공정 시뮬레이션에 대한 입문서이므로 원자 단위 시뮬레이션은 다루지 않으며, 오직 좁은 의미의 공정 시뮬레이션만을 다룬다. 나중에 시간이 더 지나고 기술이 더욱 정교해지면, 원자 단위 시뮬레이션을 시작점으로 하며 점차 그 규모를 키워나가는 방식의 서술이 가능할 수 있을 것이다.

1.3 구조의 표현

지금까지의 논의를 통해, 우리는 공정 시뮬레이션이 특히 반도체 기판 표면 근처의 구조 변화를 추적하는 활동임을 이해할 수 있었다. 이 절에서는 공정 시뮬레이션에서 반도체 소자의 구조를 어떻게 묘사하는지에 대해서 소개하고자 한다.

미시적인(Microscopic) 관점에서 본다면, 공정이 끝나고 나서, 고려하고 있는 구조 내에 있는 모든 원자의 위치를 정확하게 파악할 수 있다면, 그것이 공정 시뮬레이션에서 얻고자 하는 가장 궁극적인 정보일 것이다. 그림 1.3.1은 이와 같은 정보를 가상현실(Virtual reality) 공간에 구현해 본 예다. 이러한 정보를 가지고 있다면, 이 상세한 정보들로부터 우리가 알고 싶어 하는 좀 더 편리한 물리량들이 아주 손쉽게 얻어질 것이다. 그러나 전체 구조에 대한 원자 위치 정보는 (적어도 현재까지는) 필요 이상으로 미시적이라 여겨지며, 현실적으로 구

그림 1.3.1 원자들이 공의 크기를 가지고 있다고 가정하고 가상현실 공간에 매우 작은 나노와이어 MOSFET을 구현해 본 결과. 이렇게 극도로 작은 소자에도 원자의 개수는 약 8,000개이다.

하기가 무척 어렵다. 실리콘(Si) 원자가 대략 5×10^{22} cm^{-3}의 부피당 원자수를 가지고 있음을 생각하면, 각 방향의 길이가 10 nm에 불과한 작은 상자에도 5만 개의 실리콘 원자가 존재한다. 물론 현실의 반도체 소자는 각각의 방향 길이가 10 nm가 넘기 때문에, 실제 하나의 반도체 소자에서 발견되는 원자의 개수는 이보다도 훨씬 더 많을 것이다.

이처럼 많은 원자를 다루는 것은 계산 측면에서 매우 비효율적이기 때문에, 공정 시뮬레이션에서는 영역(Region)이라는 개념을 도입하여, 각 영역의 주된 물질이 무엇인지를 가정하고, 이를 고려 대상에서 빼준다. 마치 우리가 전자/홀에 대한 논의를 진행할 때, 가전자대(Valence band)를 채우고 있는 전자는 그 수가 매우 많음에도 당연한 것으로 생각하여 고려하지 않는 것처럼, 어떤 특정 영역이 실리콘 물질로 이루어졌다고 한다면, 그 영역에서의 실리콘 원자들은 관심의 대상에서 제외하는 식으로 정보를 간략화할 수 있다.

이러한 방식은 아주 효율적이다. 영역 위주의 관점을 통해서, 전체 구조를 여러 개의 영역의 합집합으로 나타낼 수 있게 되는 것이다. 각각의 영역은 서로 겹치는 부분이 없으며, 다만 표면(Surface) 중의 일부가 서로 맞닿아있을 뿐인데, 이 맞닿는 면을 계면(Interface)이라고 부르게 된다. 즉, 구조의 묘사가 영역들의 표면을 묘사하는 것으로 가능하게 되는 것이다.

이러한 방식을 채택하고 나면 남는 것은 무엇일까? 이렇게 배경을 이루고 있는 물질들(예를 들어 실리콘 영역에서 실리콘 원자들)이 빠지고 나면, 마치 갯벌에서 썰물이 되었을 때 바닥에 있는 것들이 드러나는 것처럼, 다음과 같은 정보들이 눈에 두드러지게 보일 것이다.

가장 먼저 생각할 수 있는 것이 불순물(Impurity) 원자들일 것이다. 예를 들어, 실리콘 영역에 존재하는 실리콘이 아닌 보론(B), 인(P), 비소(As)와 같은 원자들이다. 이런 원자 중에서 전기전도도(Electrical conductivity)를 변화시키는 데 도움이 되는 것들은 의도적으로 도입된 것이다. 그렇지 않고 전기전도도를 변화시키지 못하면서 전자/홀과 같은 전하수송자(Charge carrier)의 수명(Lifetime)을 단축시키는 원자들을 되도록 회피하고 싶을 것이다.

실리콘은 단원자 물질이지만, 최근에는 실리콘과 게르마늄(Ge)의 합금(Alloy)이 중요하게 사용되고 있다. 이처럼 합금을 사용하는 경우, 그 구성 원소들 사이의 조성비가 물질의 특성을 결정하는 매우 중요한 값이 되는데, 이 값은 평균적인 값일 수밖에 없다. 따라서 합금의 조성비가 그 평균값으로부터 얼마나 벗어나 있는지도 알 수 있게 될 것이다.

이러한 정보 말고도, 힘을 받지 않는 실리콘이라면 원자들 사이의 정해진 거리가 있는데, 물질 구성 때문에 이 거리가 달라질 수 있을 것이다. 원자들 사이의 거리가 힘을 받지 않은 상태와 달라지는 정도를 스트레인(Strain)이라고 하는데, 이러한 스트레인은 외부에서 가해지는 힘인 스트레스(Stress)와 연관이 된다. 이러한 스트레스/스트레인은 특히 전자 소자의 동작 특성에 있어서 큰 영향을 미치게 되는데, 바로 전자/홀이 가지게 되는 에너지 상태들(Energy states)이 스트레스/스트레인에 의해서 영향을 받게 되기 때문이다.

반도체 소자의 신뢰성(Reliability)에 큰 영향을 미치는 것은 소자 내부의 결함(Defect)이다. 이 결함은 결국 원자 배치가 그 지점 근처에서의 정규적인 배치에서 벗어나서 생기게 되는데, 이러한 결함 구조 역시 중요한 정보가 될 것이다.

이와 같은 물리량들은 모두 원자들의 위치와 관계가 되지만, 여전히 이들을 다 표시하는 것은 매우 많은 양의 자료 처리를 필요하게 된다. 또한 이렇게 하나의 구조에 대해서 세세한 정보를 기술할 경우, 그것은 동일한 공정에서 만들어질 수 있는 수많은 가능성 중의 하나를 나타내게 되는데, 이것이 꼭 우리가 가장 먼저 알고 싶은 "평균적인" 소자의 특성을 나타내지 않을 수 있다. 따라서, 공정 시뮬레이션은 정보를 각 지점 근처에서의 평균값으로 나타내게 된다. 예를 들어, 단위 부피당 불순물 원자의 수를 구하여 이 값이 그 지점 근처를 대표하는 값이라고 생각하는 것이다. 물론 이러한 접근법이 소자 특성의 통계적 분포(Statistical distribution)를 나타내기에는 불충분하다는 것이 잘 알려져 있으나, 이러한 통계적 분포는 대략 소자 시뮬레이션 단계에서 추가적으로 고려되며, 공정 시뮬레이션을 통해서는 평균적인 구조를 얻기 위해 노력하는 편이다.

지금까지 설명한 내용을 통해, 공정 시뮬레이션이 원자들의 연결로 이루어진 반도체 소자의 구조를 나타내고자 할 때, 실제로는 특정 물질로 이루어진 각 영역의 모습과 그들 사이의 계면을 통한 연결 관계를 통해서 간략하게 표현하고 있음을 알게 되었다. 또한 이렇게 얻어진 각 영역 내부의 점들에 몇 가지 중요한 물리량들을 배정하여서, 그 구조가 나타내는 특성을 표시한다는 것을 알게 되었다. 이러한 과정을 통해서, 통상적인 원자 단위 표현을 통해서는 제대로 나타낼 수 없는 거대한 구조들을 공정 시뮬레이션에서 무리 없이 다룰 수 있게 되는 것이다.

1.4 역사적인 발전

공정 시뮬레이션의 역사적인 발전을 모두 소개하는 것은 공정 시뮬레이션 분야의 전공자가 아닌 저자의 능력을 넘는 일이라고 생각된다. 제한된 지식의 범위 내에서 공정 시뮬레이션의 역사적인 발전을 살펴보도록 한다.

1979년에 발표된 D. A. Antoniadis 교수님(당시 Stanford University에서 박사 학위를 마치고 막 MIT에 부임하였음)과 R. W. Dutton(Stanford University 재직하였음) 교수님의 논문[1-1]을 살펴보자. 이 논문은 <IEEE Transactions on Electron Devices>와 <IEEE Journal of Solid-State Circuits>의 joint issue에 실려 있다. 이 논문은 SUPREM(Stanford Univeristy Process Engineering Models의 약자)이라는 공정 시뮬레이터에 대해서 설명하고 있다. 1977년에 처음 발표된 이 SUPREM이라는 프로그램은 이후에 나오는 몇몇 상용 공정 시뮬레이터들(지금은 단종된 TSUPREM, 지금은 ATHENA로 이름이 변경된 SSUPREM)의 모체이다. 이미 이 시점에도 공정 시뮬레이션이라는 용어가 정립되어 있었으며, 이온 주입 공정, 확산 공정, 산화 공정의 시뮬레이션이 주로 소개되고 있다.

이온 주입 공정에서는 간단한 Gaussian 형태의 분포로는 이온 주입된 불순물 원자의 분포를 나타낼 수 없음이 이미 알려져 있었고, Pearson 함수의 사용이 논의되고 있다. 확산 공정에서는 확산방정식을 고려하면서 전기장이나 점결함(Point defect) 등에 의한 효과를 다루고 있다. 산화 공정에서는 Deal-Grove 모델이나 좀 더 개량된 모델을 사용하여 산화막의 두께를 계산하는 과정이 소개되고 있다. 이러한 기능들을 종합하여, BJT(Bipolar Junction Transistor)의 제작 공정에 대한 시뮬레이션 결과를 다루고 있다. 모든 결과는 1차원 형태로 나타나 있다.

또 다른 초창기 논문을 하나 살펴보자. 독일 연구 그룹에서 나온 1980년의 <IEEE Journal of Solid-State Circuits> 논문[1-2]를 보면, 독자적인 공정 시뮬레이터인 ICECREM에 대해 설명하고 있다. 이온 주입 공정, 확산 공정, 산화 공정을 위한 모델들을 소개하고 있으며, 이온 주입 공정에 대한 2차원 시뮬레이션 결과를 보인다.

이 책에서는 다루지 않는 주제이지만, 반도체 제작 공정 중에서 가장 중요한 공정 중의 하나인 포토리소그래피(Photolithography)에 대한 시뮬레이션 역시 이미 1979년에 나온 논문 [1-3]에서 찾아볼 수 있다. 빛을 쬐고 현상하였을 때의 남겨진 패턴의 모양을 시뮬레이션한 결과가 나와 있다.

이상의 논의를 통해서, 이미 1970년대 말에는 공정 시뮬레이션의 개념이 확립되고 필요한 각 단위 공정들에 대한 시뮬레이션 기법들이 개발되었음을 알 수 있다. 그러나 2차원/3차원 구조로의 확장은 좀 더 시간이 필요했다.

시간을 뛰어넘어, 1995년의 책 [1-4]를 살펴보자. 이 책에는 당시에 3차원 공정 시뮬레이션 프로그램 개발을 진행하던 세계의 여러 연구 그룹들의 논문들이 모여 있는데, 일본, 미국, 그리고 유럽 각지에서 3차원 공정 시뮬레이터를 자체적으로 개발해 나가는 양상을 확인할 수 있다. 또한 3차원 공정 시뮬레이터가 논의의 대상이므로, 이제 2차원에 대한 시뮬레이션은 안정적으로 수행할 수 있는 상황으로 보인다.

1995년으로부터도 30년이 지난 지금, 당시에는 최첨단 기술이었던 3차원 공정 시뮬레이션은 이제 누구나 당연히 사용할 수 있는 일반적인 기능이 되었다. 그 시간 사이에 모델들의 많은 개선이 있었을 것이나, 이러한 변화를 모두 따라갈 수는 없으며, 단지 새로운 종류의 기능만 이야기하자.

3차원 소자가 광범위하게 사용되면서, 구조에 따른 영향이 두드러지게 되었다. 이제 어떤 공정을 수행하였을 때, 그 결과로 어떤 모습의 구조가 얻어질지를 엔지니어의 직관으로 쉽게 판단할 수 없을 정도로 복잡해진 것이다. 이에 대응해서 내부의 물리량보다 구조의 생성 가능성을 판단하는 것이 중요하게 되었고, 이를 위해서 토폴로지(Topology) 시뮬레이션과 공정 에뮬레이션(Process emulation)이 도입되었다. 아주 정확한 정의가 있는 것은 아니지만, 토폴로지 시뮬레이션은 영역들에 대한 단순한 기하학적 연산으로 (예를 들어, 식각 명령을 그 전체 영역을 삭제하는 식으로 수행) 구조의 변화를 만드는 행위를 가리키곤 한다. 공정 에뮬레이션은 표면의 변화만을 level-set 방정식을 풀어서 근사하게 모사하는 것을 말하는 경우가 많다. 이런 기능들은 물론 매우 정확할 수는 없지만 실용적인 필요에 의해서 널리 사용되고 있다.

또 다른 기능으로는 GDS(Graphics Design System) 파일을 직접 처리할 수 있는 기능이다. GDS 파일은 반도체 회로의 레이아웃(Layout)을 레이어(Layer)와 다각형을 이용하여 표현하는 파일로, 회로 설계의 결과물을 담고 있는 파일이다. 이 파일을 직접 읽어 들여서, 주어진 공정에 대한 정보를 바탕으로, 최종적인 소자 구조를 사용자의 개입 없이 만들어내는 기능이 최근 추가되고 있다. 이것은 공정 시뮬레이션의 물리적인 정확성과는 상관이 없지만, 공정 시뮬레이션이 전체 설계 자동화 과정에서 사용되기에 꼭 필요한 기능이다.

상업용 공정 시뮬레이터의 역사를 생각해 볼 때, M. Law(University of Florida 재직하였음) 교수님을 언급하지 않을 수 없다. 대학원생으로 Dutton 교수님의 연구실에서 C. Rafferty 박사님과 함께 2차원 기능을 가진 가장 널리 사용된 SUPREM 버전인 SUPREM-IV를 개발한 후, University of Florida에서 FLOOPS(FLorida Object-Oriented Process Simulator)라는 공정 시뮬레이터를 개발하였다. 이후에 이 FLOOPS가 상용화되어 현재의 Synopsys사의 Sentaurus Process의 모체가 되었다. 현재는 이 Sentaurus Process가 공정 시뮬레이터의 대표라고 할 수 있다. 공정 에뮬레이션 측면에서는 Lam Research의 SEMulator3D, Global TCAD Solutions사의

GTS ProEmu를 언급할 수 있다. 또한 정확한 정보가 공개되어 있지는 않지만, 상당수의 반도체 제조 기업들은 자체적인 공정 시뮬레이터들을 다양한 요구 조건에 맞추어 사용하고 있는 것으로 보인다.

정리하면, 공정 시뮬레이션 분야는 1970년대 말에 이미 개념이 정립되었으며, 산화 공정, 확산 공정, 이온 주입 공정, 박막 증착 공정, 식각 공정 등 각 단위 공정의 당면한 문제들을 해결할 수 있는 방향으로 발전해 왔다. 이후 물리적인 모델의 개선과 함께 다차원 구조로의 확장이 이루어졌고, 토폴로지 시뮬레이션과 공정 에뮬레이션 기능의 추가, GDS 파일로부터 사용자 개입 없이 구조 생성 등의 변화가 있었다.

이렇게 고전적인 의미의 공정 시뮬레이션의 변화를 살펴보았다. 지금도 진행되고 있고 또 미래에 다가올 더 근본적인 변화는 반도체 공정을 묘사하는 관점의 변화일 것이다. 공정 시뮬레이션 분야의 기본 원리는 원자의 거동을 예측하는 것으로 이미 잘 알려져 있다. 그럼에도 가장 중요한 난관은 원자 단위의 움직임이 일어나는 시간/공간적인 스케일과 반도체 소자 제작에서 관심 있는 시간/공간적인 스케일의 차이이다. 이를 극복하기 위해 1.3절에서 다룬 근사적인 방법이 사용되었다. 최근의 극도로 소형화된 반도체 소자를 위해서는 원자 단위의 해석이 점점 더 필요하게 되고 있다. 결국 다양한 스케일에서의 문제를 계층적으로 접근하는 방법론이 점점 더 중요해졌고, 앞으로 더 중요해질 것이다.

CHAPTER

02

·

2차원/3차원 구조,
과도 응답, 희소 행렬

2차원/3차원 구조, 과도 응답, 희소 행렬

2.1 들어가며

　이번 장에서는 공정 시뮬레이션에서 필요한 두 가지 수치해석 기법을 다루고자 한다. 바로 다차원 구조에 대한 처리와 과도 응답(Transient response) 계산이다. 이러한 기법들은 공정 시뮬레이션뿐만 아니라 소자 시뮬레이션에서도 필수적으로 필요한 기법들이지만, 전작인 『계산전자공학 입문』에서는 다루지 못하였다.

　2차원/3차원 소자 구조를 고려하게 되면, 1차원과 같이 간단한 방식으로 이산화하기 어려워지고, 점들의 기하적인 배치를 고려해야만 한다. 이러한 내용을 입문서에 넣기는 너무 복잡하다는 판단으로 전작인 『계산전자공학 입문』에서는 생략하였으나, 구조를 다루는 공정 시뮬레이션에서는 필수적이기 때문에 다루고자 한다. 또한 공정 시뮬레이션은 시간에 따른 물리량들의 변화를 다루는 것이 필수적이므로, 정상 상태(Steady-state) 해석을 넘어선 과도 응답 계산이 필수적으로 필요하게 된다. 본격적으로 반도체 공정 관련 논의를 진행하기 전에 이러한 두 가지 기법을 이번 장에서 다룬다.

　우리가 다루는 문제는 비선형성(Nonlinearity)을 고려하기 시작하면 급속히 복잡해지기 마련이다. 이런 어려움을 회피하기 위해, 이번 장에서는 공정 시뮬레이션과 그다지 연관이 없는 선형적인 시스템들을 다루고자 한다. 공정 시뮬레이션에 적용하는 과정은 제3장 이후에 본격적으로 해나가기로 하고, 이번 장에서는 수치해석 기법에만 집중하도록 하자.

　이 장의 마지막 절에는 희소 행렬(Sparse matrix)에 대한 짧은 논의를 덧붙였다.

2.2 2차원/3차원 구조

2차원 구조와 3차원 구조를 다룰 때, 이를 다시 2차원 구조를 위한 논의와 3차원 구조를 위한 논의로 나누어서 접근하는 것은 매우 비효율적이다. 이제 하나의 식을 통해서 통합된 시각으로 이 문제를 해결해 나가도록 하자.

이번 절과 다음 절(2.3절)에서는 우리가 생각할 수 있는 가장 간단한 문제들 가운데 하나인 Laplace 방정식을 2차원/3차원에 대해서 다루고자 한다. 3차원 공간 Ω를 생각하도록 하고 공간을 나타내는 벡터는 r로 표기하자. 만약 우리가 다루는 공간이 1차원이나 2차원이라면, 이것은 중요하지 않은 차원에 대해서는 균일함을 가정하면 된다. 즉, 2차원 문제는 z 방향으로는 균일한 3차원 문제로 생각할 수 있을 것이다. 구하고자 하는 미지의 변수가 $\phi(\mathrm{r})$로 주어질 때, Laplace 방정식은 다음과 같이 쓸 수 있다.

$$\nabla^2 \phi(\mathrm{r}) = 0 \tag{2.2.1}$$

여기서 등장하는 연산자인 ∇^2는 Laplacian 연산자이다. 3차원 데카르트 좌표계에서 다음과 같이 나타나게 된다.

$$\nabla^2 = \frac{\partial^2}{\partial x^2} + \frac{\partial^2}{\partial y^2} + \frac{\partial^2}{\partial z^2} \tag{2.2.2}$$

이 연산자는 각각의 방향으로의 2계 편미분들을 구하여 더한 결과를 나타낸다. 물론 2차원 공간을 다루는 경우라면 z 방향으로는 물리량이 균일하다고 가정하여 다음과 같이 쓸 수 있다.

$$\nabla^2 = \frac{\partial^2}{\partial x^2} + \frac{\partial^2}{\partial y^2} \tag{2.2.3}$$

1차원 공간이라면, Laplacian 연산자가 단순히 x 방향 2계 미분이 될 것이다. 1차원 공간이 Δx라는 균일한 간격으로 나뉘어져 있는 경우, 이에 대한 이산화된 식은 다음과 같이 쓸 수 있다.

$$\left.\frac{d^2\phi}{dx^2}\right|_{x=x_i} \approx \frac{\phi_{i+1} - 2\phi_i + \phi_{i-1}}{(\Delta x)^2} \tag{2.2.4}$$

여기서 아래 첨자가 붙은 ϕ_i는 x 좌표가 x_i인 지점에서의 미지수에 해당한다. 즉, $\phi_i = \phi(x_i)$ 이다. 3차원 공간이 그림 2.2.1에 나온 것과 같이 각 방향으로 모두 균일하게 Δ라는 간격으로 나뉜 경우를 생각해 보자. 이 경우에는 각 방향에 대한 성분을 마치 식 (2.2.4)와 같이 취급하여서, 3차원에서도 다음과 같이 쓰는 것이 가능할 것이다.

$$\nabla^2\phi \mid_{x=x_i, y=y_j, z=z_k} \approx \frac{\phi_{i+1,j,k} - 2\phi_{i,j,k} + \phi_{i-1,j,k}}{\Delta^2} \tag{2.2.5}$$
$$+ \frac{\phi_{i,j+1,k} - 2\phi_{i,j,k} + \phi_{i,j-1,k}}{\Delta^2} + \frac{\phi_{i,j,k+1} - 2\phi_{i,j,k} + \phi_{i,j,k-1}}{\Delta^2}$$

여기서 $\phi_{i,j,k}$는 $x = x_i$, $y = y_j$, 그리고 $z = z_k$인 지점에서의 미지수에 해당한다. 즉, $\phi_{i,j,k} = \phi(x_i, y_j, z_k)$이다.

그러나 우리가 다루는 공간이 2차원 또는 3차원인 경우에, 이와 같이 공간을 균일한 간격으로 나누는 접근법은 효율적이지 않다. 예를 들어, 그림 2.2.2에 나오는 2차원 PN 접합을

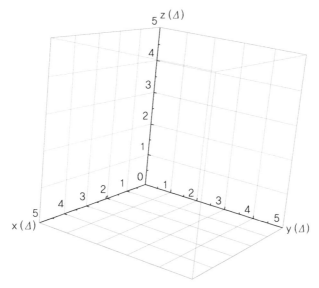

그림 2.2.1 3차원 공간이 각 방향으로 모두 균일하게 Δ라는 간격으로 나뉜 경우. 정육면체의 꼭짓점에 점이 배치된다.

생각해 보자. 약 100 nm 깊이까지의 중간 회색 부분은 n-type 불순물 원자가 많은 영역이고, 이보다 깊은 곳의 검은색 부분은 p-type 불순물 원자가 많은 영역이다. 이 PN 접합에 대한 평형(Equilibrium) 상태에서의 electrostatic potential을 구하려고 한다면, n-type 도핑된 영역과 p-type 도핑된 영역이 만나는 부분을 충분히 작은 간격으로 나누어주어야 할 것이다. 색으로 표시하자면 주로 밝은 회색 부분이며, 관심의 대상인 물리량인 electrostatic potential이 공핍 영역(Depletion region)이 생기는 이 근처에서 급격하게 변화하기 때문이다. 그런데, 만약 균일한 간격을 도입한다면, 밝은 회색 부분을 잘 나누기 위해서 중간 회색, 검은색 부분에서도 필요 이상으로 많은 점들이 만들어지게 된다.

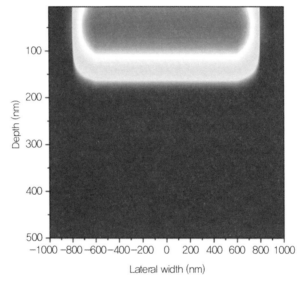

그림 2.2.2 2차원 PN 접합. 약 100 nm 깊이까지의 중간 회색은 n-type 불순물 원자가 많은 영역을 나타내며 이보다 깊은 곳의 검은색은 p-type 불순물 원자가 많은 영역을 나타낸다.

이러한 어려움은 각 방향, 즉 x, y 그리고 z 방향으로의 점들의 분포를 균일하지 않게 조정하는 것으로 어느 정도 완화될 수 있다. 그렇다 하더라도, 각각의 방향으로 1차원 축을 생각해서 이들을 격자 형태로 모아서 다루는 경우(이것을 structured mesh라고 부른다) 비효율성은 피할 수가 없다. 다시 그림 2.2.2를 생각해 보자. 이 구조에서 lateral width 축의 좌표가 −800 nm에서 −600 nm인 부분은 (PN 접합의 옆면을 구성하는 밝은 회색 영역 때문에) 잘게 나뉘어져야 하지만, 동시에 depth 축의 좌표가 300 nm나 500 nm라면 그렇게 많은 점들이 필요하지 않다. 따라서 이러한 문제를 근본적으로 해결하기 위해, structured mesh 대신 불규

칙한 점들의 배치를 허락하는 unstructured mesh가 계산전자공학에서는 흔히 사용된다. 즉, 앞의 식 (2.2.5)에서 등장하는 $\phi_{i,j,k}$와 같은 값 대신, $\mathbf{r}_i$과 같이 임의로 배치된 점에서의 값인 ϕ_i를 고려하게 되는 것이다. 여기서 인덱스 i는 하나의 방향이 아닌 임의의 점에 대한 것임을 유의하자.

이러한 unstructured mesh는 여러 가지 기본 도형을 바탕으로 생성될 수 있으나, 현실에서 2차원에서는 삼각형(Triangle), 3차원에서는 사면체(Tetrahedron)를 기본 도형으로 삼아서 만들어지는 경우가 많다. 그림 2.2.3은 2차원 영역을 삼각형들로 나눈 한 가지 예를 나타내고 있으며, 각각의 삼각형들은 그 크기나 각도가 제각각 다를 수 있다. 3차원 영역에 대해서도 사면체들을 사용하여 유사한 일을 할 수 있다. 이미 정해진 어떤 영역을 기본 도형을 이용하여 나누는 일을 하는 컴퓨터 프로그램을 생각할 수 있는데, 이런 프로그램들은 mesh generator라고 불린다. 대표적인 오픈 소스 mesh generator로 TetGen [2-1]과 같은 프로그램들이 있다.

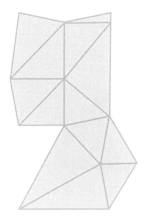

그림 2.2.3 2차원 영역을 삼각형들로 나눈 도식도. 복잡한 영역도 기본 도형들을 충분히 많이 사용하면 잘 나타낼 수 있다.

이제, mesh generator를 사용하여 Ω가 기본 도형들로 잘 나뉘어졌다고 생각해 보자. 마치 1차원에서 x_i라는 점 근처에서 계산한 2계 미분을 식 (2.2.4)로 나타낸 것처럼, 2차원/3차원에서도 $\mathbf{r}_i$라는 점 근처에서 계산한 Laplacian 연산자를 근처의 점들에서의 미지수들로 나타내고 싶은 것이다. 이를 위해서 다음과 같은 근사를 도입한다.

$$\nabla^2 \phi \mid_{\mathbf{r}=\mathbf{r}_i} \approx \frac{1}{\int_{\Omega_i} d^3 r} \int_{\Omega_i} \nabla^2 \phi d^3 r \qquad (2.2.6)$$

여기서 적분은 전체 영역인 Ω에 대한 것이 아니라 r_i 근처의 영역에 해당하는 Ω_i에 걸쳐서 이루어진다. 위의 근사는 평균값을 구한다는 측면에서 손쉽게 받아들일 수 있다. 즉, 어떤 물리량이 위치마다 달라진다고 했을 때, 그 물리량을 특정 영역에 대해서 적분한 후, 그 특정 영역의 부피로 나누어서 평균을 구하자는 것이다. Ω_i는 mesh 안의 다른 어떤 점보다 r_i에 가까운 영역으로 정해진다. 한 점에 대해서 이러한 Ω_i를 그려본 것이 그림 2.2.4에 나타나 있다.

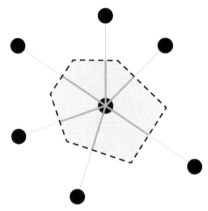

그림 2.2.4 어느 한 점 근처의 영역을 점선으로 표시한 도식도. 점선으로 둘러싸인 영역이 가운데 점 근처의 영역으로 취급된다.

이렇게 Laplacian 연산자를 근사하기로 한다면, 이후 과정은 수월하게 진행된다. 식 (2.2.6) 의 오른쪽 변에는 $\nabla^2 \phi(\mathbf{r})$의 부피 적분이 등장하는데, 이 적분은 발산 정리(Divergence theorem)를 활용하여 다음과 같이 쓸 수 있다.

$$\int_{\Omega_i} \nabla^2 \phi d^3 r = \oint_{\partial \Omega_i} \nabla \phi \cdot d\mathbf{a} \tag{2.2.7}$$

여기서 $\partial \Omega_i$는 Ω_i를 이루는 겉면들의 집합이며, $d\mathbf{a}$의 방향은 Ω_i의 내부에서 외부를 향하는 쪽으로 이해해야 한다. 2차원인 그림 2.2.4의 경우에는 점선들이 $\partial \Omega_i$를 나타내고 있다. $\partial \Omega_i$의 모양은 Ω_i에 따라 매우 다를 수 있겠지만, Ω_i가 mesh 안의 다른 어떤 점보다 r_i에 가까운 점으로 구성된 영역으로 정해지기 때문에, 결국 r_i와 mesh 안의 다른 점인 r_j를 연결하는 선분을 생각할 때, 늘 r_i 쪽에 가까울 것이다. 그러니, $\partial\Omega_i$는 여러 조각들의 합집합으로 생각할 수 있게 된다. 그림 2.2.4의 예를 보면, $\partial\Omega_i$는 여섯 개의 조각들로 나뉠 수 있으며, 이 여섯 개의 면들 각각은 서로 다른 r_j와 관계가 있다. 그래서 $\partial\Omega_i$는 조각마다 나누어서 계산하는 것이 가능하게 된다. r_i와 r_j를 연결하는 선분과 관련된 면을 $\partial\Omega_{ij}$라고 쓴다면, 다음과 같이 표현하는 것이 가능할 것이다.

$$\oint_{\partial\Omega_i} \nabla\phi \cdot d\mathrm{a} = \sum_j \int_{\partial\Omega_{ij}} \nabla\phi \cdot d\mathrm{a} \tag{2.2.8}$$

여기서 j는 실제로 r_i와 연결되어 있는 근처의 점들에 대해서만 의미를 가질 것이다. 즉, 실제로는 의미를 가지는 j는 아주 많지 않고 대략 수 개~수십 개 정도만 있을 것이다. 예를 들어 2차원 structured mesh라면 네 개의 점들만 의미가 있으며, 3차원 structured mesh라면 여섯 개의 점들만 의미가 있다. 그래서 이렇게 조각마다 나누어 주는 것이 그리 큰 부담이 되지는 않는다. 이제 하나의 $\partial\Omega_{ij}$에 집중하면, 이 면은 r_i와 r_j를 연결하는 선분에 수직이다. 이 조각난 면에서 적분을 계산하는 것은, 벡터인 $\nabla\phi$의 선분 방향 대푯값에 $\partial\Omega_{ij}$의 면적을 곱하여 근사적으로 나타낼 수 있다. 선분에서의 $\nabla\phi$의 크기를 1차원 근사를 통해서 나타내면 (방향은 $\partial\Omega_{ij}$ 면에 수직한 방향) 다음과 같이 쓸 수 있다.

$$\int_{\partial\Omega_{ij}} \nabla\phi \cdot d\mathrm{a} = \frac{\phi_j - \phi_i}{|\mathrm{r}_j - \mathrm{r}_i|} A_{ij} \tag{2.2.9}$$

여기서 A_{ij}는 $\partial\Omega_{ij}$의 면적을 나타내기 위해서 쓰였으며, $|\mathrm{r}_j - \mathrm{r}_i|$는 두 점 사이의 거리이다.

지금까지 적절한 근사들을 도입하여서 항들을 변형시켜 왔는데, 이들을 모두 정리해 보면 다음과 같이 된다.

$$\nabla^2\phi \mid_{\mathrm{r}=\mathrm{r}_i} \approx \frac{1}{\displaystyle\int_{\Omega_i} d^3r} \sum_j \frac{\phi_j - \phi_i}{|\mathrm{r}_j - \mathrm{r}_i|} A_{ij} \tag{2.2.10}$$

여기서 j는 실제로 r_i와 연결되어 있는 점들에 대해서만 의미를 가짐을 다시 한번 기억하자.

이 실습은 프로그램 작성과는 관계가 없이 수식을 정리해 보면 된다. 식 (2.2.10)은 기본 도형으로 이루어진 일반적인 경우들에 대해서 다 적용이 가능한 식이다. 이 식을 2차원 structured mesh에 적용해 보자. 점들이 $r_{i,j} = ia_x + ja_y$와 같이 각 방향으로 간격 1을 가진 격자점으로 주어진 경우에 식 (2.2.10)을 가지고 계산한 결과가 식 (2.2.5)에서 Δ를 1로 놓고 z 방향 성분을 무시한 것과 같음을 확인해 보자.

결국, 복잡해 보이는 미분연산자를 이산화하기 위해서 우리가 도입한 기법은 그다지 어렵지 않다. 우리가 구하고자 하는 점 r_i 근처로 평균을 구하는데, 발산 정리를 써서 식을 변형해 주고, 변형된 식을 각 조각면마다 1차원 근사하는 것이다. 이를 통해서 식 (2.2.10)을 얻게 되었다. 물론, 우리가 지금까지 살펴보았듯이, 이런 식을 얻기 위해서 근사들을 도입하였으며, 이러한 근사들이 적절한 것인지는 조심해서 판단해야 한다. 물리량들이 위치에 따라서 천천히 바뀌거나, 아니면 mesh를 매우 촘촘하게 나눈다면, 식 (2.2.10)은 아주 좋은 결과를 주게 될 것이다. 그렇지 않은 경우라면, 결과의 정확성은 감소할 것이다.

이제 실제 구현의 입장에서 생각해 보자. 식 (2.2.10)을 계산하기 위해서는 $\int_{\Omega_i} d^3r$, $|r_j - r_i|$, A_{ij}과 같은 값들이 필요하다. 물론 $\phi_i = \phi(r_i)$과 $\phi_j = \phi(r_j)$도 계산에는 필요하지만, 이들은 미지수로 취급하는 값들이다. 따라서 계산을 위해서는 $\int_{\Omega_i} d^3r$, $|r_j - r_i|$, A_{ij}를 미리 계산해 놓으면 된다. 미리 계산해야 하는 것은, 필요할 때마다 $\int_{\Omega_i} d^3r$와 A_{ij}를 계산하는 것은 시간이 오래 걸리기 때문이다. 실제 구현에서는 이 값들을 미리 구하는 과정이 상당히 중요하다.

인접한 두 점 사이의 거리인 $|r_j - r_i|$를 미리 구해놓는 것은 어려운 일이 아닐 것이다. 이제 $\int_{\Omega_i} d^3r$와 A_{ij}를 임의의 구조에 대해서 구해보는 작업을 하려 하는데, 이를 위해서는 일단 임의의 구조를 우리의 프로그램으로 불러들이는 과정이 필요하다. 논의를 간단하게 만들기 위해서, 2차원 구조만을 다루어 보자. 3차원 구조로의 확장은 원칙적으로는 바로 가능하지만 실제로는 많은 노력이 필요하게 된다. 2차원 구조를 묘사하는 파일의 형식은, 각 프

로그램마다 다를 것이다. 상용 TCAD 프로그램들은 각자의 정해진 파일 형식을 가지고 있으며, 이들은 다양한 상황들에 대응할 수 있도록 복잡한 기능들을 가지고 있다. 우리의 목적은 단순히 구조를 읽는 것이므로, 거창한 규약을 만들지 않고 딱 필요한 최소한의 정보만을 기술해 보기로 한다. 또한 편하게 처리하기 위해서 평범한 텍스트 파일로 처리하도록 하자. 상용 TCAD 프로그램에서는 저장 공간을 효율적으로 쓰기 위해 텍스트 파일이 아닌 형식을 적용하는 것이 흔하다.

먼저, 점에 대한 파일(Vertex file)을 도입하자. 이 파일은 여러 줄로 이루어져 있으며, 각 줄은 두 개의 숫자가 텍스트 형태로 표시되어 있다. 물론 이 두 개의 숫자는 한 점의 x 좌표와 y 좌표를 의미한다. 편의상 두 숫자 사이에는 별도의 쉼표는 없다고 생각하고, 그냥 공백으로 떨어져 있다고 하자. 이러한 vertex file의 예로 그림 2.2.5의 파일을 생각할 수 있다. 이 파일을 보면, 해당 구조에는 (1 μm, 1 μm), (0, 1 μm), (1 μm, 2 μm) … 등과 같은 10개의 점이 배정되어 있다. 이 파일만 가지고도 일단 어떤 점들이 우리가 고려하는 전체 시뮬레이션 영역인 Ω에 배정되어 있는지를 파악할 수 있다.

```
9.9999999999999995e-07   9.9999999999999995e-07
-0 9.9999999999999995e-07
9.9999999999999995e-07   1.9999999999999999e-06
-0 1.9.9999999999999999e-06
9.9999999999999995e-07   3.0000000000000001e-06
-0 3.0000000000000001e-06
9.9999999999999995e-07 -0
-0 -0
-0 3.9999999999999998e-06
9.9999999999999995e-07   3.9999999999999998e-06
```

그림 2.2.5 Vertex file의 예. 이 예에서는 10개의 점을 찾아볼 수 있다.

이제 이러한 vertex file을 처리하는 프로그램을 작성해 보자. 각자 사용하는 프로그램 언어에 따라서, 텍스트 파일을 처리하는 방법이 다를 수 있을 것이다. 또한 여러 점의 좌표를 저장하는 방법도 언어마다 다를 수 있다. 이러한 언어별의 차이에도 불구하고, 성공적으로 구현이 되고 나면, 프로그램은 x 좌표와 y 좌표를 가지고 있는 배열 두 개를 생성하게 될 것이다.

이 실습에서는 사용자가 이름을 지정한 임의의 vertex file을 읽어서, 각 줄에서 x 좌표와 y 좌표를 얻는다. 그리고 이들을 점들의 좌표들을 저장하는 배열에 차례로 넣게 된다. 결과의 확인을 위해서, 각 점을 2차원 평면 위의 점으로 표현해 보자.

그림 2.2.6은 실습 2.2.2를 그림 2.2.5의 예에 대해서 실행한 결과를 나타내고 있다. 예상한 것처럼 10개의 점이 존재함을 확인할 수 있다. 이로부터, 우리가 다루는 구조가 대략 막대기 형태임도 짐작할 수 있을 것이다.

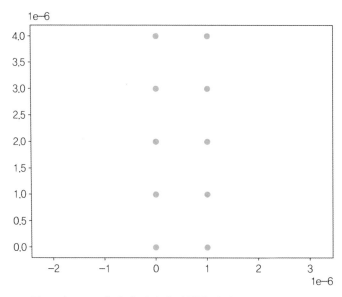

그림 2.2.6 실습 2.2.2를 그림 2.2.5의 예에 대해서 실행한 결과.

그런데, 이 막대기 형태의 공간이 어떻게 기본 도형인 삼각형들로 나뉘어져 있을까? 현재까지 우리가 가지고 있는 정보만으로는 이에 대한 유일한 답을 줄 수가 없다. 그래서 vertex file에 덧붙여, 새로운 파일이 더 필요하다. 이 새로운 파일(Region file)은 삼각형을 나타내고 있다. 각 줄은 세 개의 자연수를 가지고 있고, 역시 공백으로 분리되어 있다고 하자. 하나하나의 자연수는 점에 해당하는데, 앞서 입력받은 vertex file에서의 등장 순서에 따라 1부터 매긴 번호를 가지고 점을 나타낸다. 즉, 이 파일에서 1이라는 건 첫 번째 줄에 나타나는 점을 말하며, 그림 2.2.5의 예를 따른다면, (1 μm, 1 μm)이라는 점이 된다. 이 예에서는 점들의 번

호는 1부터 10까지 분포한다. 점들의 번호를 1부터 시작하는 것은, 예전부터의 관례에 따른 것뿐이며, 0부터 시작하기로 한다고 정해도 아무 문제는 없다. 그러나 일단 정하고 나면 중간에 의미를 바꿔서는 안 된다. 이 책에서는 많은 경우에 0부터 시작하는 인덱스를 사용하였으나, region file의 경우에는 흔히 사용되는 관례를 따라서 1부터 시작하였다.

그림 2.2.7은 그림 2.2.5의 vertex file에 대응하는 region file의 예를 나타내고 있다. 물론 하나의 vertex file을 가지고 해당하는 Ω를 삼각형으로 나누는 방법은 다양할 것이므로, 여기 나온 파일이 유일한 가능성은 아님에 유의하자.

$$
\begin{array}{rrr}
1 & 7 & 8 \\
1 & 2 & 3 \\
2 & 3 & 4 \\
3 & 4 & 5 \\
4 & 5 & 6 \\
6 & 9 & 10 \\
1 & 2 & 8 \\
5 & 6 & 10 \\
\end{array}
$$

그림 2.2.7 그림 2.2.5의 vertex file에 대응하는 region file의 예.

지금까지 도입한 두 개의 파일 형식들, vertex file과 region file을 활용하여, 구조를 읽어 들일 수 있다. 아래의 실습은 이런 작업을 직접 해보는 것이다.

실습 2.2.3 ────────────────────────────────────

이 실습에서는 실습 2.2.2의 내용을 수행한 상태에서, 사용자가 이름을 지정한 임의의 region file을 추가로 읽어서, 각 줄에서 삼각형에 대한 정보를 얻는다. 그리고 이들을 삼각형들의 꼭짓점들을 저장하는 배열에 차례로 넣게 된다. 결과의 확인을 위해서, 읽어 들인 삼각형들을 2차원 평면 위에 그려보자.

그림 2.2.8은 그림 2.2.5의 vertex file과 그림 2.2.7의 region file이 시뮬레이션 영역을 어떻게 나누고 있는지를 잘 나타내고 있다. 여기서는 직각삼각형들로 나누어 보았는데, 직접 region file을 수정하여서 다른 방식으로 시뮬레이션 영역을 삼각형들로 나누어 보는 것도 재미있는

실습이 될 것이다. 물론 복잡한 실제 구조에 대해서는 사용자가 직접 삼각형을 나누는 것은 비효율적이며, 앞서 설명한 mesh generator 프로그램이 활용될 것이다.

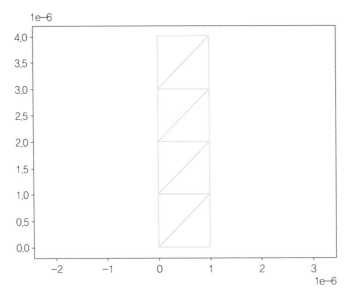

그림 2.2.8 실습 2.2.2를 그림 2.2.5와 그림 2.2.7의 예에 대해서 실행한 결과. 막대기 형태의 시뮬레이션 영역이 삼각형들로 잘 나뉘어져 있다.

이제 프로그램 내에서는 삼각형들이 존재하고 있다. 이 삼각형들로부터 구하고자 하는 $\int_{\Omega_i} d^3r$와 A_{ij}를 구하는 것이 가능할 것이다. 먼저 $\int_{\Omega_i} d^3r$는 "점 r_i 근처의 부피(우리가 고려하는 2차원에서는 면적)"으로 주어진다. 계속 생각해 온 그림 2.2.5의 예에서, 편의상 3번점인 (1 μm, 2 μm)를 고려하자. 이 점에 배정된 면적을 어떻게 구할 수 있을까? 먼저 이 점이세 개의 삼각형들에서 꼭짓점으로 쓰이고 있음을 생각하자. 그러면, 각각의 삼각형에서 r_i에배정된 면적을 구하고, 이 세 삼각형에서 구한 면적을 모두 더하면 r_i에 배정된 전체 면적을구할 수 있을 것이다. 이렇게 생각을 하면, 꽤 복잡해 보이던 $\int_{\Omega_i} d^3r$를 구하는 문제가 하나의 삼각형에서 각 꼭짓점에 속하는 면적의 크기를 구하는 문제로 단순화된다. 이 문제의 해답은 매우 간단한데, 바로 삼각형의 외심(Circumcenter)으로부터 각 변에 수직으로 내려그은선으로부터 면적을 구하면 된다. 어느 영역이 어느 꼭짓점에 배정이 되느냐 하는 문제는 세꼭짓점까지의 거리를 가지고 판단하면 되며, 각 변의 수직이등분선은 두 꼭짓점에서 같은 거리만큼 떨어진 점들로 이루어져 있다. 외심은 각 변의 수직이등분선들이 만나는 점이기 때문에, 이렇게 만들어지는 삼각형들에서 r_i 쪽에 가까운 것은 바로 r_i에 배정되는 것이다. 글로 쓰면 복잡하지만, 그림 2.2.9를 통해 직관적으로 이해가 가능하다.

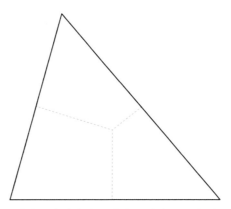

그림 2.2.9 삼각형을 세 개의 꼭짓점들에 가까이 붙어있는 영역들로 나누는 법. 각 변의 수직이등분선들이 만나는 점인 외심을 이용하여, 삼각형을 분할할 수 있다.

이상의 논의를 통해서, $\int_{\Omega_i} d^3r$를 구하는 문제는 r_i와 연결된 삼각형들에서 r_i에 배정된 면적을 외심을 이용하여 구함을 알게 되었다. 각 꼭짓점의 좌표를 알고 있으므로, 외심을 구하고 이로부터 각 꼭짓점에 배정되는 면적을 구하는 것은 손쉽게 가능할 것이다. 명시적으로 외심의 좌표를 계산하지 않아도, 외접원의 반지름만 알고 있으면 이로부터 r_i에 배정된 면적들을 피타고라스 정리를 통해서 구할 수 있을 것이다. 삼각형의 세 변의 길이가 a, b, 그리고 c로 주어진다고 할 때, 외접원의 반지름인 R은 다음과 같이 계산할 수 있다.

$$R = \frac{abc}{4\sqrt{s(s-a)(s-b)(s-c)}}$$

(2.2.11)

여기서 s는 $\frac{a+b+c}{2}$ 이다. 이러한 작업은 실습 2.2.4를 통해 독자들이 직접 해보기를 권한다.

이 실습에서는 오직 하나의 삼각형만을 고려하자. 이 삼각형이 세 꼭짓점의 좌표들로 묘사될 때, 이로부터 외접원의 반지름을 구하는 작업을 해보자. 외심의 좌표를 명시적으로 구한 후, 이로부터 외접원의 반지름을 구해도 되고, 식 (2.2.11)과 같이 삼각형의 변의 길이와 면적을 이용해서 바로 반지름만 구해도 된다.

이제 남은 것은 A_{ij}를 구하는 것인데, 이 문제는 벌써 해결되었다. 바로 외심에서 각 변에 내려그은 수선의 길이(그러니까 $\sqrt{R^2 - \left(\dfrac{a}{2}\right)^2}$ 과 같은 값들이) A_{ij}에 해당하는 것이다. 각각의 삼각형으로부터 A_{ij}에 해당하는 값을 구하고 이들을 다 더해주면, r_i와 r_j를 연결하는 선분이 가지게 되는 전체 A_{ij}를 구할 수 있다. 2차원의 경우에는 하나의 선분이 관계되는 삼각형의 수는 최대 2개이다.

결국, 외심의 반지름만 구하면, 하나의 삼각형에서 $\int_{\Omega_i} d^3r$와 A_{ij}에 기여하는 바를 계산할 수 있고, 이 과정을 반복하면서 더해나가면 되는 것이다. 이때, 각 삼각형마다 구한 기여분들을 삼각형마다 남겨놓을 것인지, 아니면 전체에 더하고 각 삼각형의 기여분은 삭제해도 되는 것인지는 프로그램에서 풀어주는 문제에 따라서 판단해야 한다. 간단한 경우라면, 각 삼각형마다의 기여분은 필요하지 않은데, 점차 일반적인 경우를 다루다보면 삼각형마다의 정보가 필요할 수도 있다. 이 책에서는 삼각형마다의 정보를 기억하기로 한다. 즉, 각각의 삼각형마다 자신의 $\int_{\Omega_i} d^3r$와 A_{ij}을 따로 기억하는 것이다. 독자들은 필요에 따라서 얼마든지 더 일반적인 구현을 시도할 수 있을 것이다.

이 실습에서는 실습 2.2.3의 내용을 수행한 상태에서, 실습 2.2.4의 코드를 활용하여 $\int_{\Omega_i} d^3r$와 A_{ij}를 구해 본다. 삼각형 하나에서 계산하는 것은 이미 실습 2.2.4에서 다루었으므로, 이런 작업을 Ω 안에 존재하는 여러 개의 삼각형들에 대해서 적용하기만 하면 된다.

실습 2.2.5를 그림 2.2.5와 그림 2.2.7의 예에 대해서 적용할 경우, 모두 직각삼각형이기 때문에 다음과 같은 결과를 얻어야 할 것이다. 직각에 해당하는 꼭짓점은 차지하는 면적이 0.25 μm², 나머지 두 개의 꼭짓점들은 0.125 μm²으로 얻어진다. 물론 이들의 합인 0.5 μm²는 삼각형의 면적과 같다. 또한 선분의 A_{ij}와 관련해서는, 직각에 해당하는 꼭짓점과 연결된 길이 1 μm인 두 개의 선분들은 0.5 μm를 가지게 되며, 그렇지 않은 길이 $\sqrt{2}$ μm인 선분(빗변)은 0을 가지게 된다. 이것은 외심이 이 빗변 위에 존재하기 때문이다.

위에서 정답을 보인 그림 2.2.5와 그림 2.2.7의 예는 손쉽게 옳고 그름을 판단할 수 있는 제일 간단한 예로 보인 것이다. 실제로 실습 2.2.5를 수행하는 독자는 그리 간단하지 않은 자신만의 영역을 가지고 꼼꼼하게 구현의 올바름을 확인하도록 하자. $\int_{\Omega_i} d^3r$와 A_{ij}가 이후 계산에서 계속 쓰이기 때문에, 이 실습에서 오류없는 코드를 작성하는 것이 중요하다.

이 절을 마치기 전에, 이 절에서 다룬 내용의 한계에 대해서 논의해야 한다. 이 절에서는 삼각형마다 계산을 통해서 $\int_{\Omega_i} d^3r$와 A_{ij}를 구할 수 있다고 생각하였다. 그러면서 그림 2.2.9를 삼각형의 예로 보였다. 그렇지만, 모든 삼각형이 그림 2.2.9에 그려진 삼각형처럼 예각삼각형인 것은 아니다. 그림 2.2.10은 둔각삼각형을 나타내고 있는데, 이러한 둔각삼각형의 경우에는 외심이 삼각형의 외부에 존재한다. 따라서 앞에 논의했었던 삼각형마다 나누어 계산하는 접근법이 적용되기 어렵다. 물론 이렇게 둔각삼각형이 있는 경우라도 각 점에 대해서 $\int_{\Omega_i} d^3r$와 A_{ij}를 성공적으로 구할 수 있는 경우가 많이 있지만, 앞에서 소개한 것보다 훨씬 복잡하게 된다. 이러한 이유로, 이 책에서는 이렇게 둔각삼각형이 있는 경우는 의도적으로

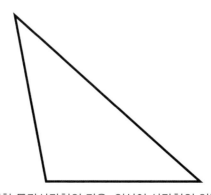

그림 2.2.10 둔각삼각형. 이러한 둔각삼각형의 경우, 외심이 삼각형의 외부에 존재한다.

제외하였다. 따라서, 영역을 삼각형들로 나눌 때 둔각삼각형이 등장하지 않도록 조심하도록 하자. 직각삼각형의 경우에는 외심이 빗면에 위치하게 되므로 문제가 없다.

앞 문단에서, 2차원 영역을 기본 도형인 삼각형들로 나눌 때 고려해야 할 어려움을 생각해 보았다. 이러한 어려움은 3차원 구조로 가게 되면 더욱 커지게 되며, 영역을 구성하는 모든 사면체의 외심이 사면체 내부에 존재하도록 만드는 일은 간단하지 않다. 이러한 이유 때문에, 이 책에서 다룬 기본 도형별로 $\int_{\Omega_i} d^3r$와 A_{ij}를 계산하는 전략을 적용하기 어려우며, 좀 더 일반적인 접근법을 따라야만 한다. 3차원 구조로의 확장을 시도해 보고 싶은 독자들은 이러한 어려움이 있음을 미리 알고 대비하여야 한다. 필자의 경우에는 자체 제작 소자 시뮬레이터인 G-Device에서 Qhull [2-2] 라이브러리를 활용하고 있다.

이제 Laplace 방정식을 풀기 위해 필요한 준비가 끝났다. 다음 절에서는 2차원 구조에서의 Laplace 방정식을 실제로 컴퓨터 프로그램으로 구현해 보고, 이의 해를 구해보도록 하자.

2.3 Laplace 방정식의 구현

2.2절에서의 논의를 통해, Laplace 방정식($\nabla^2\phi(\mathbf{r}) = 0$)을 $\mathbf{r}_i$ 근처에서 이산화한 꼴을 다음과 같이 쓸 수 있다.

$$\frac{1}{\int_{\Omega_i} d^3r} \sum_j \frac{\phi_j - \phi_i}{|\mathbf{r}_j - \mathbf{r}_i|} A_{ij} = 0 \tag{2.3.1}$$

여기서 j는 실제로 $\mathbf{r}_i$와 연결되어 있는 점들에 대해서만 의미를 가지므로, $\mathbf{r}_i$가 꼭짓점인 삼각형들의 변들만이 필요하게 된다. Laplace 방정식은 우변이 0이므로 심지어 더 간략하게도 표현이 가능하다.

$$\sum_j \frac{\phi_j - \phi_i}{|\mathbf{r}_j - \mathbf{r}_i|} A_{ij} = 0 \tag{2.3.2}$$

좀 더 구체적으로 보이기 위해서, 그림 2.2.5과 그림 2.2.7의 예에 대해서 적용해 보자. 예를 들어서 첫 번째 점, (1 μm, 1 μm)을 생각하면, $i = 1$이다. 이 경우에 j는 어떻게 될까? 그림 2.2.8을 참고하면, (0 μm, 0 μm), (1 μm, 0 μm), (0 μm, 1 μm), (1 μm, 2 μm)의 네 개의 점이 연결되어 있음을 알게 된다. 이들은 각각 $j = 8, 7, 2, 3$에 해당하므로, 식 (2.3.2)를 r_1에 대해서 쓴다면 다음과 같이 된다.

$$\frac{\phi_8 - \phi_1}{|\mathbf{r}_8 - \mathbf{r}_1|} A_{18} + \frac{\phi_7 - \phi_1}{|\mathbf{r}_7 - \mathbf{r}_1|} A_{17} + \frac{\phi_2 - \phi_1}{|\mathbf{r}_2 - \mathbf{r}_1|} A_{12} + \frac{\phi_3 - \phi_1}{|\mathbf{r}_3 - \mathbf{r}_1|} A_{13} = 0 \qquad (2.3.3)$$

이때, A_{18}은 0이며, A_{17}과 A_{13}은 0.5 μm이며, (두 개의 삼각형의 기여분을 더한) A_{12}는 1.0 μm이다. 그러므로 실제로 값을 넣어서 계산하면 다음과 같이 될 것이다.

$$\frac{\phi_7 - \phi_1}{2} + \phi_2 - \phi_1 + \frac{\phi_3 - \phi_1}{2} = 0 \qquad (2.3.4)$$

3차원 구조라면 A_{ij}가 면적이 될 것이기 때문에 전체 식에 길이의 차원이 곱해지겠지만, 우리가 고려하는 2차원 구조에서는 A_{ij}가 길이이기 때문에 별도의 길이 차원이 나타나지 않음을 유의하자.

위의 과정은 식 (2.3.2)를 r_1에 대해서 계산해 보는 것이었으며, 이 과정을 다른 점들에 대해서도 반복하면, 점의 수만큼 식들이 생성될 것이다. 각각의 식들은 행벡터와 열벡터의 곱으로 쓸 수 있는데, 예를 들어 식 (2.3.4)는 다음과 같이 쓸 수 있다.

$$\begin{bmatrix} -2 & 1 & \frac{1}{2} & 0 & 0 & 0 & \frac{1}{2} & 0 & 0 & 0 \end{bmatrix} \begin{bmatrix} \phi_1 \\ \phi_2 \\ \phi_3 \\ \phi_4 \\ \phi_5 \\ \phi_6 \\ \phi_7 \\ \phi_8 \\ \phi_9 \\ \phi_{10} \end{bmatrix} = 0 \qquad (2.3.5)$$

여기서 열벡터는 우리가 알고 싶어 하는 미지수들을 포함하고 있으며, 이를 구하는 것이 우

리의 목적이다. 식 (2.3.5)와 비슷한 식을 다른 점에 대해서도 반복적으로 구하면, 결국 10개의 식들이 준비될 것이다. 이들을 연립하여 풀기 위해서, 정사각행렬을 하나 생각할 수 있을 것이다. 이 정사각행렬의 i번째 행은 $\mathbf{r}_i$에서 계산한 식 (2.3.2)로부터 쉽게 계산될 수 있다. 즉, 이 행렬의 (i,j) 성분은 i와 j가 서로 다른 인덱스일 때에는 $\dfrac{A_{ij}}{|\mathbf{r}_j - \mathbf{r}_i|}$ 일 것이며, i와 j가 같은 대각 성분은 비대각 성분들의 합에 (-1)을 곱한 $-\sum\limits_{j \neq i} \dfrac{A_{ij}}{|\mathbf{r}_j - \mathbf{r}_i|}$ 이 된다.

실습 2.3.1

이 실습에서는 바로 위에서 다룬 정사각행렬을 컴퓨터 프로그램을 통해서 구성해 보도록 하자. 비대각성분과 대각성분이 모두 알려져 있으므로 행렬을 구성하는 일은 바로 가능할 것이다.

이렇게 구해진 정사각행렬을 A 라고 표시하면 (크기가 10 곱하기 10인 이 정사각행렬을 스칼라인 A_{ij}와 혼동하지 말자.) 올바르게 구해진 결과는 다음과 같을 것이다.

$$
\mathrm{A} = \begin{bmatrix}
-2 & 1 & \frac{1}{2} & 0 & 0 & 0 & \frac{1}{2} & 0 & 0 & 0 \\
1 & -2 & 0 & \frac{1}{2} & 0 & 0 & 0 & \frac{1}{2} & 0 & 0 \\
\frac{1}{2} & 0 & -2 & 1 & \frac{1}{2} & 0 & 0 & 0 & 0 & 0 \\
0 & \frac{1}{2} & 1 & -2 & 0 & \frac{1}{2} & 0 & 0 & 0 & 0 \\
0 & 0 & \frac{1}{2} & 0 & -2 & 1 & 0 & 0 & 0 & \frac{1}{2} \\
0 & 0 & 0 & \frac{1}{2} & 1 & -2 & 0 & 0 & \frac{1}{2} & 0 \\
\frac{1}{2} & 0 & 0 & 0 & 0 & 0 & -1 & \frac{1}{2} & 0 & 0 \\
0 & \frac{1}{2} & 0 & 0 & 0 & 0 & \frac{1}{2} & -1 & 0 & 0 \\
0 & 0 & 0 & 0 & \frac{1}{2} & 0 & 0 & -1 & \frac{1}{2} \\
0 & 0 & 0 & 0 & \frac{1}{2} & 0 & 0 & 0 & \frac{1}{2} & -1
\end{bmatrix}
\tag{2.3.6}
$$

실습 2.3.1의 컴퓨터 프로그램을 통해 얻어진 결과가 이 정답과 일치하는지 확인해 보자. 이 행렬은 중간에 값들을 배치하는 규칙이 깨어지는 것처럼 보일텐데, 그 이유는 점의 배치 순서가 그림 2.2.5와 같이 주어져 있기 때문이다. 이렇게 임의로 배치된 점들에 대해서도 정상적으로 동작하는 코드를 만들어야 한다.

행렬 A를 성공적으로 구현하고 나면, 식 (2.3.2)를 모든 점들에 대해서 계산하여 연립한 결과가 다음과 같은 행렬 방정식으로 쓸 수 있게 된다.

$$
A \begin{bmatrix} \phi_1 \\ \phi_2 \\ \phi_3 \\ \phi_4 \\ \phi_5 \\ \phi_6 \\ \phi_7 \\ \phi_8 \\ \phi_9 \\ \phi_{10} \end{bmatrix} = \begin{bmatrix} 0 \\ 0 \\ 0 \\ 0 \\ 0 \\ 0 \\ 0 \\ 0 \\ 0 \\ 0 \end{bmatrix} \tag{2.3.7}
$$

여기서 미지수들을 나타내는 열벡터와 우변의 영벡터의 크기가 10인 것은 그림 2.2.5와 그림 2.2.7의 예를 따르기 때문이며, 점들의 수가 달라지면 그에 맞추어서 이 벡터들의 크기는 달라질 것이다.

물론 Ax= b 의 꼴을 가지고 있는 행렬 방정식은 정해진 A와 b로부터 미지수들을 포함하고 있는 벡터 x를 구할 수 있다. 이러한 작업을 하는 특별한 컴퓨터 코드를 matrix solver라고 부른다. 그렇지만, 식 (2.3.7)로 표현되는 행렬 방정식을 실제로 풀어보려 한다면, 어려움을 겪게 될 것이다. 왜냐면 식 (2.3.7)로 표현된 연립 방정식은 유일하게 해가 결정되지 않은 상태이기 때문이다. 직관적으로 이를 확인할 수 있는데, 모든 점에서의 ϕ 값이 어떤 임의의 상수라고 생각해 보는 것이다. 이 경우, 상숫값이 얼마인지에 상관없이 이 식은 식 (2.3.7)을 만족하게 된다. 직접 확인해 보길 바란다. 무수히 많은 해가 존재하므로 이 식에 등장하는 A의 역행렬을 구하는 것이 불가능하다. 만약 역행렬이 존재한다면, 역행렬을 곱해서 x가 영벡터로 얻어지게 될 것이기 때문이다.

이러한 난점은 경계 조건을 고려해 주지 않아서 생긴 문제이다. 간단한 Dirichlet 경계 조건을 고려해 보자. y 좌표가 0인 두 점들, 일곱 번째 점과 여덟 번째 점에 대해서는 ϕ가 1이라고 하고, y 좌표가 4 μm인 두 점들, 아홉 번째 점과 열 번째 점에 대해서는 ϕ가 2라고 하자. 즉, 다음과 같은 경계 조건을 생각하자.

$$\phi_7 = \phi_8 = 1, \ \phi_9 = \phi_{10} = 2 \tag{2.3.8}$$

그럼, 이 경계 조건을 기존의 식 (2.3.7)에 도입하여서, 정사각행렬 A를 수정해 준다. 정사각행렬 A의 일곱 번째, 여덟 번째, 아홉 번째 그리고 열 번째 줄들이 다음과 같이 수정되게 된다.

$$\begin{bmatrix} 0 & 0 & 0 & 0 & 0 & 0 & 1 & 0 & 0 & 0 \\ 0 & 0 & 0 & 0 & 0 & 0 & 0 & 1 & 0 & 0 \\ 0 & 0 & 0 & 0 & 0 & 0 & 0 & 0 & 1 & 0 \\ 0 & 0 & 0 & 0 & 0 & 0 & 0 & 0 & 0 & 1 \end{bmatrix} \begin{bmatrix} \phi_1 \\ \phi_2 \\ \phi_3 \\ \phi_4 \\ \phi_5 \\ \phi_6 \\ \phi_7 \\ \phi_8 \\ \phi_9 \\ \phi_{10} \end{bmatrix} = \begin{bmatrix} 1 \\ 1 \\ 2 \\ 2 \end{bmatrix} \tag{2.3.9}$$

물론 A의 다른 행들은 그대로 사용하면 된다. 수정된 시스템에서는 A만 바뀌는 것은 아니다. b는 원래 영벡터였지만 식 (2.3.9)와 같이 0이 아닌 성분들을 가지게 바뀌었음을 유의하자. 이렇게 변형된 A와 b를 가지고 x를 구하게 되면, 이것이 바로 ϕ들에 대한 해를 가지고 있게 된다.

실습 2.3.2

그림 2.2.5와 그림 2.2.7의 예에 대해서, 경계 조건까지 고려한 A와 b를 가지고 행렬방정식을 풀어서, ϕ를 구해보자. 올바르게 구했다면, ϕ가 1부터 2까지 y 좌표의 변화에 따라서 선형적으로 바뀔 것이다. 만약 이런 결과를 얻지 못한다면, 먼저 경계에서의 값들이 맞는지 살펴보고, 경계에서의 값들이 맞다면, A에 잘 구성되었는지를 확인해 보자.

행렬 방정식을 푸는 방법(적절한 matrix solver를 호출하는 방법)은, 독자 각자가 사용하고 있는 컴퓨터 언어나 환경에 따라서 크게 달라질 것이다. 이 책에서는 이러한 작업은 독자가 직접 자신의 상황에 맞추어 할 수 있다고 가정하였다. 다만, 희소 행렬은 별도의 논의가 필요한 주제이므로, 2.5절에서 간략하게 언급하도록 하자.

Vertex file과 region file을 가지고 있으면, 다양한 구조들을 생성하여 테스트해 볼 수 있을 것이다. Dirichlet 경계 조건을 인가할 점들에 대해서는 사용자가 별도의 파일을 가지고 설정할 수 있다면 더욱 일반적으로 활용 가능할 것이다. 실습 2.3.3에서는 일반적인 구조에 대해서 똑같은 작업을 할 수 있도록 확장한다.

실습 2.3.3

개발된 코드는 간단한 구조만이 아니라 복잡한 구조에 대해서도 동작할 수 있어야 한다. 흔히 생각하기 쉬운 사각형 모양이 아니라 복잡한 구조를 생각해서, 이 구조를 삼각형으로 나누어 보자. 이렇게 vertex file과 region file을 생성한 후, 작성한 프로그램에서 읽어 들인다. 경계 조건을 설정하고 Laplace 방정식을 풀어서, 얻어진 해를 관찰한다.

그림 2.3.1은 실습 2.3.3을 수행해 볼 수 있는 다양한 구조의 한 가지 예로, 배수관 모양으로 생긴 구조를 보이고 있다. 양쪽 끝에 0과 1을 경곗값으로 설정하고 Laplace 방정식의 해를 계산해 볼 수 있을 것이다. 이를 통해 구불구불한 모양을 가지고 있어도 아무 문제없이 ϕ 값이 계산됨을 확인해 보자. 이 밖에도 독자들이 각자 다양한 형태의 구조를 추가적으로 생성하여 Laplace 방정식을 풀어보도록 하자.

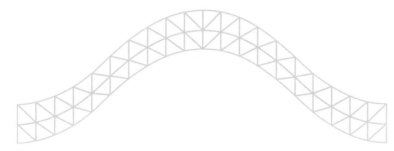

그림 2.3.1 실습 2.3.3에 적용해 볼 수 있는 구조의 예. 배수관 모양으로 생긴 구조의 양쪽 끝에 0과 1을 경곗값으로 설정해 볼 수 있다.

이번 절을 마치기 전에, 두 가지 사항을 논의하도록 하자. 첫 번째는 경계 조건이다. 물론 우리는 이미 특정 경계점들에 대해서 Dirichlet 경계 조건을 입력할 수 있는 프로그램을 실습 2.3.3을 통해서 개발해 보았다. 그러나 지금까지의 논의에서 다루어지지 않은 경계가 존재한다. 예를 들어, 그림 2.3.1에서 양쪽 끝의 면에서 0과 1이 주어졌다고 하는 것은 알겠지만,

이 배수관 모양의 구조에서 위의 경계면과 아래의 경계면에는 어떤 조건들이 사용되었는가? 아마 독자의 반응은 "위의 경계들을 위한 특별한 처리는 아무것도 안 했는데?"일 것으로 예상된다. 우리가 특별한 처리를 해주지 않았다고 생각하지만, (의도하지 않았더라도) 어떤 경계 조건은 인가되고 있다.

이 점을 명확하게 설명하기 위해, Dirichlet 경계 조건이 인가되지 않는 경계에 위치한 한 점 r_i 근처를 그림 2.3.2에 그려보았다. 점선으로 둘러싸인 영역이 Ω_i이다. 이 중 가는 점선들은 r_i와 다른 점들을 연결하는 선분에 의해 결정되지만, 굵은 점선들은 영역의 경계에 의해서 결정된다. 우리의 기존 논의에서는 이런 경계는 따로 고려하지 않았다. 바로 식 (2.2.8)에서 고려하지 않은 부분이 있는 것이다. 거기서는 $\partial\Omega_i$를 조각마다 나누어서 계산할 때, $\partial\Omega_{ij}$들을 이용해서 나타낼 수 있다고 보았다. 경계에 속하지 않은 r_i에 대해서는 올바른 이야기가 되겠지만, 경계에 속하는 r_i에 대해서는 굵은 점선과 같이 영역의 경계가 고려되어야 한다. 그래서 경계점에 대해서는 좀 더 올바르게 다음과 같이 쓸 수 있을 것이다.

$$\oint_{\partial\Omega_i} \nabla\phi \cdot da = \sum_j \int_{\partial\Omega_{ij}} \nabla\phi \cdot da + \int_{\partial\Omega'_i} \nabla\phi \cdot da \tag{2.3.10}$$

여기서 새롭게 도입한 $\partial\Omega'_i$는 다른 점과 연결되지 않은, 영역의 경계에 해당하는 면을 나타낸다.

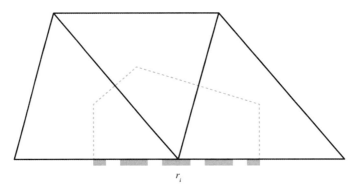

그림 2.3.2 Dirichlet 경계 조건이 인가되지 않은 경계 위치한 한 점 r_i과 그 근처의 점들. 점선으로 둘러싸인 영역이 Ω_i이다. 이 중 가는 점선들은 r_i와 다른 점들을 연결하는 선분에 의해 결정되지만, 굵은 점선들은 영역의 경계에 의해서 결정된다.

이렇게 경계점에 대해서 좀 더 올바른 식인 식 (2.3.10)을 도입하고 나면, 우리가 지금까지 한 일이 무엇인지 명확해진다. 실제로는 경계에 속한 점에 대해서는 식 (2.3.10)을 풀어주어야 함에도, 마치 아무 문제가 없는 것처럼 식 (2.2.8)을 풀어주었고, 해를 얻었다. 이것이 뜻하는 바는, 의도하지 않았더라도 다음의 조건이 사용되고 있었다는 것이다.

$$\int_{\partial \Omega'_i} \nabla \phi \cdot da = 0 \tag{2.3.11}$$

이 조건을 글로 표현해 보면, "경계면에서 $\nabla \phi$의 수직 방향 성분이 0이다."가 되며, 이것은 homogeneous Neumann 조건이다. 즉, 이상의 과정에서 특별한 경계 조건을 인가하지 않은 것 같았지만, 자연스럽게 homogeneous Neumann 조건을 인가한 것이다. 즉, 실습 2.3.3의 코드는 정해준 점들에서는 Dirichlet 경계 조건을 인가하고, 나머지 경계에 대해서는 homogeneous Neumann 경계 조건을 인가하는 코드인 것이다. 만약 풀어야 하는 문제에서 명시적으로 다른 경계 조건이 정해져 있다면, 이에 맞추어서 코드도 수정되어야 할 것이다.

간단한 예로, 다음과 같은 상숫값 c가, 경계에서의 수직방향 기울기로 배정되어 있다고 가정해 보자.

$$\nabla \phi \cdot \mathbf{n} = c \tag{2.3.12}$$

벡터 $\mathbf{n}$은 da와 같은 방향의 단위 벡터이다. 이 경우, $\partial \Omega'_i$의 면적을 A'_i라고 표시한다면, 식 (2.3.10)은 다음과 같이 쓸 수 있을 것이다.

$$\oint_{\partial \Omega_i} \nabla \phi \cdot da = \sum_j \int_{\partial \Omega_{ij}} \nabla \phi \cdot da + cA'_i \tag{2.3.13}$$

실습 2.3.4를 통해서 이러한 경계 조건을 구현해 보도록 하자.

앞의 논의를 통해서, 아무 일도 안 한 것 같던 Dirichlet 경계 조건이 인가되지 않는 경계에 대해서, 실제로는 homogeneous Neumann 경계 조건이 인가되고 있었음을 알게 되었다. 이제 이를 수정하여서, 사용자가 inhomogeneous Neumann 경계 조건을 인가할 수 있도록 바꾸어 보자. 즉, 사용자가 어떤 수인 c를 인가하면, 그 수가 경계면에서 $\nabla \phi$의 수직 방향 성분에 해당하도록 구현해 보자. 이를 위해서, 특정 점 $\mathbf{r}_i$가 경계인지 아닌지를 알 수 있어야 할 것이다. 구조 파일로부터 이러한 정보도 생성하도록 코드를 바꾸어서, Dirichlet 및 inhomogenous Neumann 경계 조건을 고려할 수 있는 Laplace 방정식 해석기를 완성하자.

두 번째 논의 사항은 Laplace 방정식보다 더 복잡한 방정식에 대한 확장이다. 이번 절에서는, 앞 절에서 계산한 A_{ij}를 활용하여 Laplace 방정식의 해를 구해보았다. 간단한 Laplace 방정식을 고려하였기 때문에, $\int_{\Omega_i} d^3 r$는 사용될 일이 없었으나, 좀 더 일반적인 경우에는 $\int_{\Omega_i} d^3 r$가 등장할 것이다. 이번 절을 마치기 전에, 반도체 소자 시뮬레이션에서 흔히 사용되는 Poisson 방정식의 이산화를 다루어 본다. Poisson 방정식을 흔히 사용되는 꼴로 표현하면 다음과 같다.

$$\nabla \cdot [\epsilon(\mathbf{r})\nabla\phi(\mathbf{r})] = -\rho(\mathbf{r}) \tag{2.3.14}$$

이전의 Laplace 방정식과 비교해 보면, gradient 연산자 앞에 위치에 따라 달라지는 permittivity인 $\epsilon(\mathbf{r})$이 있고, 우변이 0이 아니라 알짜 전하량에 (−1)을 곱한 $-\rho(\mathbf{r})$이라는 점이 다르다. 식 (2.3.14)의 양변을 Ω_i에 대해서 적분해 준 후, 전과 같이 발산 정리를 적용할 경우, 다음과 같은 식을 얻게 된다.

$$\sum_j \epsilon_{ij} \frac{\phi_j - \phi_i}{|\mathbf{r}_j - \mathbf{r}_i|} A_{ij} = -\int_{\Omega_i} \rho(\mathbf{r}) d^3 r \tag{2.3.15}$$

여기서 ϵ_{ij}는 해당 선분에 적합한 permittivity이다. 기본 도형은 하나의 물질에 해당되기 때문에, 기본 도형 내에서 이 ϵ_{ij}은 잘 정의될 수 있다. 물질들이 만나는 경계면이 존재하는 경우라 하더라도, 기본 도형마다 따로따로 고려해주면 된다. 이렇게 해서 좌변은 Laplace 방정식에서부터 크게 변경되지 않음을 확인하였으나, 우변은 0이 아니다. 알짜 전하량을 Ω_i라는 영역에 대해서 적분해 주어야 하는데, 이건 다음의 근사를 통해서 해결한다.

$$\int_{\Omega_i} \rho(\mathbf{r})d^3r \approx \rho(\mathbf{r}_i)\int_{\Omega_i} d^3r \tag{2.3.16}$$

즉, $\mathbf{r}_i$에 배정된 물리량들을 이용하여 알짜 전하량을 계산하고 $\int_{\Omega_i} d^3r$를 곱해주는 것으로 적분을 대체하는 것이다. 그러므로 Poisson 방정식과 같은 좀 더 복잡한 경우라도 식 (2.3.15)와 식 (2.3.16)에 따르면 $\int_{\Omega_i} d^3r$와 A_{ij}를 이용하여 이산화할 수 있게 된다.

2.4 과도 응답(Transient response)

2.2절과 2.3절을 통해, 2차원/3차원 구조를 다루는 법을 주로 2차원 구조의 예를 들어가면서 보였다. 공정 시뮬레이션을 다루려면 고려해야 하는 또 다른 수치해석 기법으로 과도 응답의 계산이 있다. 이 절에서는 과도 응답을 계산하는 방법을 다루어 본다.

이러한 과도 응답의 계산은, 당연히 반도체 구조 내부의 정보(예를 들어 불순물 원자의 농도)에 대해서 계산이 되어야 할 것이다. 그러나 처음부터 공간에 대한 mesh와 함께 과도 응답 계산을 함께 고려할 경우, 문제의 복잡성이 너무 급하게 증가할 것이다. 그래서 수치해석 기법을 소개하는 이번 제2장에서는 공정 시뮬레이션에서 다루어야 하는 본격적인 시스템이 아니라, 아주 간단한 미분 방정식의 시간에 따른 해를 구하는 것으로 과도 응답 해석을 다룬다. 반도체 공정 시뮬레이션에서의 과도 응답과 관련된 내용은 확산 공정에 대한 제4장에서 더 다루기로 하고, 지금은 단지 시간 미분항을 어떻게 처리하는지 배워보기로 하자.

독자 중에서는, "이미 2차원/3차원의 실공간도 이산화하는 데 성공하였는데, 1차원에 불과한 시간축을 이산화하는 것이 무슨 어려움이 있어서 별도의 논의가 필요할까?"라는 의문을 품는 사람도 있을 수 있다. 이 의문에서 올바르게 지적한 것처럼, 시간은 오직 1차원 변수이기 때문에 실공간과는 다르게 문제의 차원을 2차원 또는 3차원만큼 증가시키지는 않는다.

그럼에도 불구하고, 현실에서는 시간축의 처리는 실공간의 처리와 매우 다르다. 이것은 주로 계산효율성과 깊은 관계가 있다.

예를 들어서, 2차원 공간에 정의된 어떤 반도체 소자의 구조가 있다고 생각해 보자. 그리고 이 구조에 우리가 어떤 특정한 공정을 수행했다고 생각해 보자. 그럼 공정 수행의 전후로 구조는 무언가 변경될 것이다. 그런데 우리가 궁금한 것은, 공정 전의 상황을 알고 있으면서 공정 후에 어떻게 바뀔지이지, 공정 후의 상황을 알고 있으면서 공정 전의 상황을 알아내는 것은 아니다. 이렇게 우리가 알고 싶은 방향성이 명확하므로 (시간이 과거에서부터 현재로 바뀌는 방향) 시간축 전체를 이산화하지 않고, 매 순간순간마다 고려하면서 시간변수를 조금씩 증가시켜 나가는 것이다. 따라서 시간이 새로운 변수로 추가되었더라도, 매번 고려해야 하는 시스템은 그 크기가 커지지 않으며, 그저 여러 번 반복해서 풀어주어야 하는 것이 달라질 뿐이다. 이러한 차이점에 유의하면서, 아래의 논의를 진행하도록 하자.

오직 시간 미분에만 집중하기 위해서, 그림 2.4.1에 그려진 아주 간단한 RC 회로를 고려해 보기로 하자. 입력 전압인 $V_{in}(t)$이 주어질 때, capacitor 양단에 걸리는 전압인 $V_X(t)$를 구하고자 한다. Kirchhoff의 전류 법칙에 따라 (전류의 방향을 입력 전압에서부터 ground 쪽으로 흐르는 방향으로 고정하였을 때) 저항을 통해 흐르는 전류와 capacitor를 통해 흐르는 전류는 같아야 하므로 다음의 식이 성립한다.

$$\frac{V_{in}(t) - V_X(t)}{R} = C\frac{dV_X}{dt} \tag{2.4.1}$$

이때 등장하는 시간 미분인 $\dfrac{dV_X}{dt}$를 어떻게 처리하는지를 살펴보자.

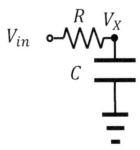

그림 2.4.1 시간 미분의 처리를 소개하기 위한 간단한 시스템. RC 회로이며, 입력 전압이 $V_{in}(t)$으로 주어졌을 때, capacitor 양단에 걸리는 전압인 $V_X(t)$를 구하는 것이 목적이다.

먼저 초기 조건을 결정하여 해석적인 해를 구해 보자. 시간인 t가 음수인 경우에는 입력 전압이 0이었다고 하고, $t = 0$에서 입력 전압이 갑작스럽게 V_{DD}로 바뀌었다고 하자. 그렇지만 capacitor 양단의 전압차를 바꾸기 위해서는 전하량이 바뀌어야 하므로, capacitor의 전압은 그렇게 갑자기 바뀔 수가 없을 것이다. 결국 갑자기 인가된 V_{DD}의 전압은 모두 저항에 걸리게 되고, 이에 따라 저항에 전류가 흐르면서 capacitor를 충전하게 된다. 그래서 정성적으로 생각할 때, 시간에 따라서 차차 capacitor의 전압인 $V_X(t)$가 증가하는 것을 예상할 수 있으며, V_{DD}가 모두 저항에 걸리는 초기에 가장 빠르게 충전이 될 것이고, 나중에 $V_X(t)$가 V_{DD}에 가깝게 되고 나면 충전 속도가 느려질 것이라는 점을 생각할 수 있다. 이상의 내용은 아래의 해석적인 식으로 잘 설명된다.

$$V_X(t) = V_{DD}\left[1 - \exp\left(-\frac{t}{RC}\right)\right] \tag{2.4.2}$$

그림 2.4.2는 식 (2.4.2)를 그려본 것이다.

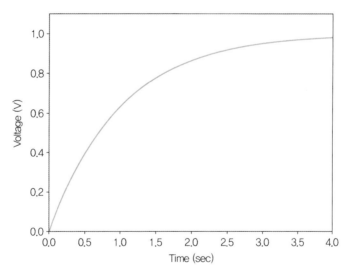

그림 2.4.2 RC 회로의 계단형 입력 전압에 대한 응답. 식 (2.4.2)를 그린 것이며, 편의상 R, C 그리고 V_{DD}가 각각의 단위에서 그 값을 1로 설정하였다.

그럼 이러한 결과를 해석적인 방법이 아니라, 컴퓨터를 사용하여 어떻게 얻을 수 있을지 알아보자. 이 문제는 시간 미분인 $\dfrac{dV_X}{dt}$를 어떻게 다룰지와 직결되어 있다. 시간 t_0를 생각할 경우, 두 순간인 t_0와 $t_0 + \delta$ 사이의 차분(Finite difference)을 구한 후, 시간 간격 δ를 작게 하면 그 극한으로 미분값을 얻을 수 있을 것이다.

$$\frac{dV_X}{dt}\bigg|_{t_0} = \lim_{\delta \to 0} \frac{V_X(t_0 + \delta) - V_X(t_0)}{\delta} \tag{2.4.3}$$

물론 δ를 무한히 작게 만드는 것은 불가능하므로, 실제로는 인접한 두 개의 이산화된 순간들 사이의 차분을 가지고 미분을 근사하게 될 것이다. 이렇게 인접한 두 개의 순간들 사이의 정보를 가지고 시간 미분을 구하는 방법을 Euler 방법이라고 한다. 그럼 다음과 같은 두 가지 경우를 생각해 볼 수 있을 것이다.

$$\frac{dV_X}{dt}\bigg|_{t_k} \approx \frac{V_X(t_{k+1}) - V_X(t_k)}{t_{k+1} - t_k} \tag{2.4.4}$$

$$\frac{dV_X}{dt}\bigg|_{t_k} \approx \frac{V_X(t_k) - V_X(t_{k-1})}{t_k - t_{k-1}} \tag{2.4.5}$$

이 두 가지 식들은 매우 비슷해 보이지만, 중요한 차이가 있다. 식 (2.4.4)는 어떤 특정한 순간 t_k에서의 시간 미분을 구하기 위해, t_k와 이보다 더 뒤에 존재하는 인접한 순간 t_{k+1}에서의 값들을 사용한다. 반면 식 (2.4.5)는 t_k에서의 시간 미분을 구하기 위해, t_k와 이보다 더 앞에 존재하는 인접한 순간 t_{k-1}에서의 값들을 사용한다. 즉, 시간 축을 기준으로 보았을 때, 식 (2.4.4)는 오른쪽에서 접근하는 극한(우극한)이며 식 (2.4.5)는 왼쪽에서 접근하는 극한(좌극한)이다. 물론 미분가능한 함수에 대해서는, $t_{k+1} - t_k$나 $t_k - t_{k-1}$가 충분히 짧은 시간 간격일 경우에는 어떤 방식을 취하더라도 동일한 결과를 주겠지만, 지금처럼 유한한 차이가 나는 경우라면 이 선택에 따른 차이가 생길 것이다. 위에서 소개한 두 개의 Euler 방법들 중에서 식 (2.4.4)를 forward Euler 방법이라고 부르고, 식 (2.4.5)를 backward Euler 방법이라고 부른다. 물론 이러한 이름은 미분을 구하고자 하는 t_k 입장에서 미래의 시간인 t_{k+1}의 값을 쓰느냐(forward), 아니면 과거의 시간인 t_{k-1}의 값을 쓰느냐(backward)에 따라 붙여진 이름이다.

이 책에서는 이 두 가지 방법들(forward, backward)에 대한 근본적인 성질들을 이론적으로

탐구하기보다, 식 (2.4.1)에 실제로 적용하였을 때의 꼴을 살펴보면서 그 특성을 파악하기로 하자. 먼저 forward Euler 방법을 사용한다면, 식 (2.4.1)은 다음과 같이 쓰일 것이다.

$$\frac{V_X(t_k) - V_{in}(t_k)}{R} + C\frac{V_X(t_{k+1}) - V_X(t_k)}{t_{k+1} - t_k} = 0 \tag{2.4.6}$$

$V_X(t_{k+1})$에 대한 표현식으로 정리하면 다음과 같이 된다.

$$V_X(t_{k+1}) = V_X(t_k) + \frac{t_{k+1} - t_k}{RC}\left[V_{in}(t_k) - V_X(t_k)\right] \tag{2.4.7}$$

다른 식인 backward Euler 방법을 사용한다면, 식 (2.4.1)은 다음과 같이 쓰일 것이다.

$$\frac{V_X(t_k) - V_{in}(t_k)}{R} + C\frac{V_X(t_k) - V_X(t_{k-1})}{t_k - t_{k-1}} = 0 \tag{2.4.8}$$

$V_X(t_k)$에 대한 표현식으로 정리하면 다음과 같이 된다. 이때, $V_X(t_{k+1})$가 아니라 $V_X(t_k)$에 대한 표현식임에 유의하자.

$$V_X(t_k) = \left(1 + \frac{t_k - t_{k-1}}{RC}\right)^{-1}\left[V_X(t_{k-1}) + \frac{t_k - t_{k-1}}{RC}V_{in}(t_k)\right] \tag{2.4.9}$$

식 (2.4.7)이나 식 (2.4.9)를 적용하면, 초기 조건에서 시작하여, 바로 그 다음 순간의 V_X를 계산한다. 그리고 이 과정을 계속 반복하면서 이산화된 순간들에 대해서 V_X를 순차적으로 계산한다. 이러한 방식을 time marching이라고 부른다.

그림 2.4.3은 forward Euler와 backward Euler 방법으로 계산한 $V_X(t)$를 나타내고 있다. 이때, 시간 간격을 균일하게 설정하였고, RC로 주어지는 시간보다는 짧은 시간 간격(RC의 0.1배)을 고려하였다. 이렇게 시간 간격이 RC보다 짧을 경우에는 두 가지 방법 모두 해석적인 해와 똑같지는 않지만 유사한 결과가 얻어짐을 확인할 수 있다. 물론 0.1보다 더 짧은 시간 간격을 사용하면 이 오차는 줄어든다.

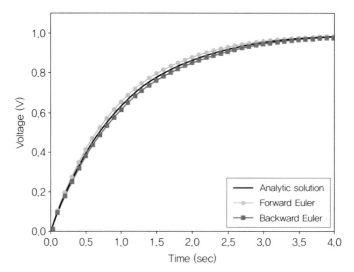

그림 2.4.3 균일한 시간 간격이 RC의 0.1배일 때, forward Euler와 backward Euler 방법으로 계산한 $V_X(t)$. 편의상 R, C 그리고 V_{DD}가 각각의 단위에서 그 값을 1로 설정하였다. 해석적인 해와 유사함을 확인할 수 있다.

두 방법의 차이는 시간 간격이 RC와 비슷해지거나 커지는 상황에서 좀 더 두드러진다. 예를 들어서, 시간 간격이 정확히 RC인 경우를 생각해 보자. 이 경우, forward Euler 방법은 다음과 같이 간략화된다.

$$V_X(t_{k+1}) = V_{in}(t_k) \tag{2.4.10}$$

이것은 명확히 틀린 결과이다. 같은 경우, backward Euler 방법은 다음과 같이 간략화된다.

$$V_X(t_k) = \frac{1}{2}\left[V_X(t_{k-1}) + V_{in}(t_k) \right] \tag{2.4.11}$$

이 식은 (비록 값은 부정확하여도) 여전히 정성적으로 올바른 행동을 나타내고 있다. 같은 방식으로 시간 간격을 점차 더 키워보면, forward Euler 방법은 해가 더 이상 제대로 구해지지 않고 진폭이 점차 커지면서 발산해 나가는 것을 확인하게 된다. 반면 backward Euler 방법은 매우 큰 시간 간격에 대해서 그저 입력 전압을 따라가게 된다. 이러한 행동이 그림 2.4.4에 나타나 있다.

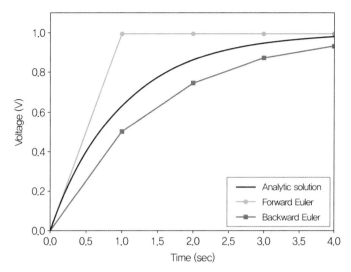

그림 2.4.4 균일한 시간 간격이 RC와 같거나 클 때, forward Euler와 backward Euler 방법으로 계산한 $V_X(t)$. 편의상 R, C 그리고 V_{DD}가 각각의 단위에서 그 값을 1로 설정하였다. 두 방법 모두 부정확하지만, forward Euler 방법의 경우에는 불안정성이 두드러진다.

　　여기까지만 논의가 진행된다면, 독자들은 주로 backward 방법의 안정성에만 크게 주목하게 될 것이다. 그러나 지금까지 다룬 간단한 시스템에서는 크게 보이지 않은 두 방법의 큰 차이점이 하나 더 있다. 식 (2.4.7)과 식 (2.4.9)를 비교해 보면, 공통적으로 $\frac{1}{R}$이 등장하는데, 식 (2.4.7)에서는 이 $\frac{1}{R}$을 그냥 곱해주면 되는 반면, 식 (2.4.9)에서는 $\frac{1}{R}$이 관계된 식을 다시 역수를 취해주는 과정이 있다. 여기서 역수를 취하는 과정이, 지금처럼 간단한 시스템에서는 아무런 어려움이 없다. 그러나 앞서 다루었던 Laplace 방정식이나 Poisson 방정식처럼 실공간에 대한 이산화가 필요하다고 가정해 보자. 이 경우는 $\frac{1}{R}$에 해당하는 것이 정사각행렬 A가 되며, 이것의 역행렬을 계산하여 곱하는 일은 숫자의 나눗셈과는 달리 훨씬 더 복잡한 일이다. 즉, forward Euler 방법은 시간 간격이 촘촘하지 않으면 해의 수치해석적 불안정성(Numerical instability)이 나타나지만, 대신 하나하나의 계산이 역행렬을 곱하는 일은 하지 않으며 진행될 수 있다. 반면, backward Euler 방법은 시간 간격이 촘촘하지 않더라도 불안정성은 나타내지 않지만, 대신 하나하나의 계산이 역행렬을 곱하는 일과 관계되기 때문에 계산량이 훨씬 더 크게 필요하다.

　　위에서 설명한 차이 때문에, 특정한 응용들(한 가지 예로, 반도체 소자 내부의 전하 수송에 대한 볼츠만 수송 방정식을 Monte Carlo 기법을 통해 풀어줄 때)에서는 forward Euler 방법이 실제로 중요하게 사용되기도 한다. 그러나 많은 경우, 계산전자공학에서는 주로 수치해석적 안정성(Stability)을 위해 느린 계산 속도에도 불구하고 backward 방법을 적용하곤 하므로, 앞으로의 예는 backward Euler 방법을 적용하여 논의하도록 하자.

앞서 그림 2.4.4의 결과를 통해, backward Euler 방법은 시간 간격이 정확히 RC인 경우에 정성적으로는 비슷하지만 꽤 큰 오차를 만든다는 것은 확인할 수 있었다. 이제 그 오차를 계량화해보자. 식 (2.4.2)의 결과와 비교해 보았을 때, backward Euler 방법의 결과는 V_{DD}로 천천히 다가감을 알 수 있다. 그러므로 이것은 식 (2.4.2)의 지수함수에 등장하는 시간 상수 항이 정확한 값인 RC보다 커진 것과 같다. 식 (2.4.11)에 다음과 같은 꼴의 함수를 대입해 보자.

$$V_X(t) = V_{DD}\left[1 - \exp\left(-\frac{t}{\tau}\right)\right] \tag{2.4.12}$$

이 식에서 등장하는 시간 상수 τ는 정확한 경우라면 RC가 되어야 하지만, backward Euler 방법을 상당히 큰 시간 간격인 RC와 함께 사용하여 생긴 오차 때문에 RC와 다른 값을 가질 수 있다. 이 꼴의 함수를 식 (2.4.11)에 대입하여 등식이 성립하는 τ를 구해보면 시간 간격 RC에 대해서 구해보면, 다음의 결과를 얻는다.

$$\frac{1}{\tau} = \frac{1}{RC}\ln 2 \tag{2.4.13}$$

여기서 $\ln 2$로 값을 고려하면, 결국 τ가 RC의 1.44배에 해당함을 알 수 있다. 즉, backward Euler 방법의 부정확성에 의해서 시간에 대한 응답에 오차가 생기는 것이다.

이상의 논의는 시간 간격이 RC일 때의 간략화된 식에 대해서 적용해 보았는데, 좀 더 일반적인 식 (2.4.9)에 대해서도 같은 방식으로 접근해 볼 수 있다. 일정한 시간 간격 Δt를 가정하고 식 (2.4.12)를 식 (2.4.9)에 대입해 보면, τ에 대한 다음과 같은 관계식을 유도할 수 있다.

$$\frac{1}{\tau} = \frac{1}{\Delta t}\ln\left(1 + \frac{\Delta t}{RC}\right) \tag{2.4.14}$$

이 식의 유도는 그다지 어렵지 않으므로 독자들이 직접 해보기를 권한다. 또한 $\dfrac{\Delta t}{RC}$ 의 값이 1보다 작을 때는, 자연로그의 테일러 급수를 2차항까지만 적용하여 다음과 같이 전개할 수 있다.

$$\frac{1}{\tau} \approx \frac{1}{\Delta t}\left[\frac{\Delta t}{RC} - \frac{1}{2}\left(\frac{\Delta t}{RC}\right)^2\right] \tag{2.4.15}$$

이로부터, backward Euler 방법을 일정한 시간 간격인 Δt를 가지고 RC 회로에 적용했을 때의 수치해석 결과는 다음과 같은 시간 상수를 가지고 반응할 것임을 알게 된다.

$$\tau \approx RC\left(1 + \frac{1}{2}\frac{\Delta t}{RC}\right) \tag{2.4.16}$$

그러므로 수치해석 결과가 보이는 오차를 시간 상수를 바탕으로 가늠해 본다면, 바로 $\dfrac{\Delta t}{RC}$ 에 비례하는 항이 있을 것이다. 이것을 수치해석 결과로 확인해 보도록 하자.

그림 2.4.5는 우리가 현재 다루고 있는 RC 회로에서 R이 1 Ohm, C가 1 F, 그리고 V_{DD}가

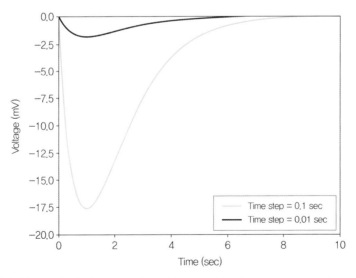

그림 2.4.5 R이 1 Ohm, C가 1 F, 그리고 V_{DD}가 1 V일 때, 처음 10초까지의 backward Euler 방법의 오차. 두 가지 시간 간격, 0.1초와 0.01초가 사용되었다.

1 V일 때, 처음 10초까지 시뮬레이션한 후, 해석적인 식에 대한 차이를 V 단위로 표시한 결과들을 보이고 있다. 최대 오차의 절댓값이 0.018 V과 0.0018 V와 같이, 시간 간격이 10배씩 줄어들 때 거의 비슷한 배율로 줄어들었음을 확인할 수 있다. 따라서 더 촘촘한 시간 간격을 도입하게 되면 더 정확한 결과를 얻는다는 것을 확인할 수 있다.

실습 2.4.1

그림 2.4.5의 결과를 직접 구해보자. Backward Euler 방법을 적용하여 계산을 수행해 보고 해석적인 식과의 오차를 구해 보자.

지금까지 backward Euler 방법을 적용한 결과를 살펴보았는데, 이 방법이 우리가 계산전자공학에서 시간 미분을 고려할 때 사용하는 유일한 방법은 아니다. 이 방법은 앞에서 살펴본 것처럼, 오차가 시간 간격에 따라서 선형적으로 바뀌는 특성을 가진다. 즉, 시간 간격을 10배로 줄여서 (시뮬레이션 시간도 10배 증가할 것이다.) 오차를 10배 줄일 수 있다는 것이다. 이보다 더 좋은 시간-오차 사이의 관계를 위해서, 좀 더 복잡한 시간 미분의 처리가 가능할 것이다. 여기서는 한 가지 예로, Gear의 2차 방법[2-3]을 소개하고자 한다.

간단히, 시간 간격이 Δt로 균일한 경우를 고려해 보자. 시간 $t = t_k = k\Delta t$에서의 함수 $f(t)$의 시간 미분은 Gear의 2차 방법에 따르면 다음과 같이 주어진다.

$$\frac{df}{dt}\bigg|_{t=t_k} \approx \frac{1.5f(t_k) - 2f(t_{k-1}) + 0.5f(t_{k-2})}{\Delta t} \tag{2.4.17}$$

여기서 시간의 인덱스인 k는 1보다 크다고 생각한다. 만약 $k = 1$인 경우라면 식 (2.4.17)은 의미 없는 순간인 t_{-1}에서의 함수의 값을 요구한다. 보통 이러한 문제는, $k = 1$인 경우에는 두 순간만을 가지고도 계산이 가능한 backward Euler 방법을 적용하여 해결하곤 한다.

이 방법은 직전의 과거 순간인 t_{i-1}만이 아니라 t_{i-2}도 필요하기 때문에 2차 방법이라고 분류되며, 또한 미래 순간이 아니라 현재와 과거 순간들만을 요구하기 때문에 backward 방법이다. RC 회로에 적용하면, $k \geq 2$인 경우에 대해서 다음과 같이 쓰인다.

$$\frac{V_X(t_k) - V_{in}(t_k)}{R} + C\frac{1.5\,V_X(t_k) - 2\,V_X(t_{k-1}) + 0.5\,V_X(t_{k-2})}{\Delta t} = 0 \qquad (2.4.18)$$

그림 2.4.6은 전과 같이, R이 1 Ohm, C가 1 F, 그리고 V_{DD}가 1 V일 때, 처음 4초까지 시뮬레이션한 결과를 보이고 있다. 시간 간격을 0.5초로 설정하였으며, 해석적인 답인 식 (2.4.2)와 backward Euler로 계산한 결과를 함께 그렸다. 첫 번째 순간인 0.5초에서 Gear의 2차 방법이 backward Euler와 같은 결과를 주는 것은 앞서 설명한 것처럼 backward Euler가 사용되었기 때문이다. 그러나 이후로는 좀 더 빠르게 해석적인 답에 가깝게 반응하는 것을 확인할 수 있다.

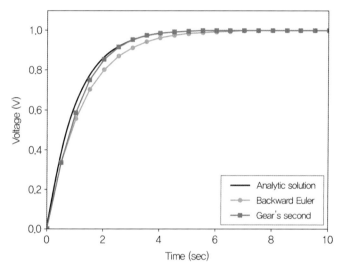

그림 2.4.6 R이 1 Ohm, C가 1 F, 그리고 V_{DD}가 1 V일 때, 처음 4초까지의 Gear의 2차 방법을 사용하여 계산한 결과. 시간 간격은 0.5초로 설정하였다.

지금까지 계단형으로 입력 전압이 바뀌는 경우를 다루면서, backward Euler 방법과 Gear의 2차 방법에 대해서 비교해 보았다. 물론 과도 응답의 계산은 임의의 입력 전압에 대해서도 가능하기 때문에, 지금까지 다룬 계단형 함수(Step function)가 아닌 경우에도 적용해 볼 수 있다. 예를 들어서, 사인 함수 꼴을 가진 입력 전압을 생각하고, 주파수는 1 Hz이며 진폭은 1 V라고 하자. 해석적인 답을 구해보면, 삼각함수로 나타나는 $V_X(t)$의 진폭은 $\dfrac{1}{\sqrt{1 + (2\pi)^2}}$ V 로 주어진다. 이 값은 정확한 값이므로, 시뮬레이션의 정확성을 검증하는 데 사용될 수 있다.

그림 2.4.7은 해당 경우를 backward Euler 방법과 Gear의 2차 방법을 통해 시뮬레이션한 결과를 비교하고 있다. 0.01 초의 상당히 짧은 시간 간격을 도입하였기 때문에, 두 방법 모두 충분히 그럴듯한 결과를 주고 있다. 그림 2.4.7에서 볼 수 있듯이 음의 시간에는 입력 전압이 0 V로 고정이었으므로, 양의 시간에서 주기성을 가진 사인함수가 인가된다고 해서, 바로 처음부터 안정된 삼각함수가 응답으로 얻어지지 않는다. 어느 정도의 주기가 경과하고 나면(이 예제에서는 대략 3회), 이후로는 각 주기에서의 응답이 일정하게 된다.

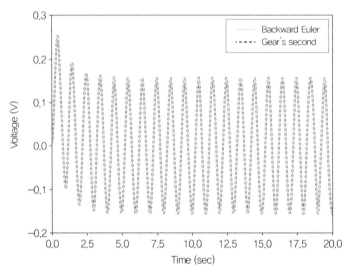

그림 2.4.7 R이 1 Ohm, C가 1 F, 그리고 V_{DD}가 주파수 1 Hz에 진폭 1 V인 사인 파형을 가진 입력 전압을 가지고 시뮬레이션한 결과. 0.01초의 시간 간격을 가지고 backward Euelr 방법과 Gear의 2차 방법을 비교하였다. 두 방법의 결과가 비슷하여 구별되지 않는다.

19번의 주기가 끝나고 초기의 응답이 지나가고 난 후, 충분히 안정된 경우에 대해서 진폭을 살펴보면, Gear의 2차 방법이 좀 더 해석적인 값인 $\dfrac{1}{\sqrt{1+(2\pi)^2}}$ V와 가까운 결과를 나타내고 있다. 동일한 시간 간격을 사용하였음에도, 더 정확한 방법을 사용함에 따라서 더 좋은 결과를 얻을 수 있음을 알 수 있다. Gear의 2차 방법의 경우에는 특별히 backward Euler 방법에 비해서 계산량이 더 늘어나거나 하지 않는다. 다만 지난 마지막 두 번의 순간들에 대한 정보를 기억해야 한다는 점이 컴퓨터 메모리를 약간 더 사용하게 될 수 있다. 그러나 전체적으로 볼 때, 두 방법의 계산량 차이는 미미하여, 대신 계산 정확도의 차이는 명확하다.

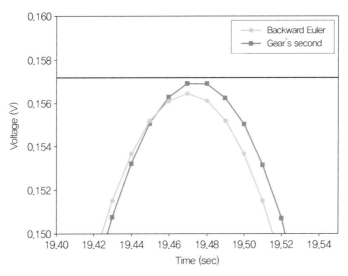

그림 2.4.8 R이 1 Ohm, C가 1 F, 그리고 V_{DD}가 주파수 1 Hz에 진폭 1 V인 사인 파형을 가진 입력 전압을 가지고 시뮬레이션한 결과. 0.01초의 시간 간격을 가지고 backward Euelr 방법과 Gear의 2차 방법을 비교하였다. 19번의 주기가 경과한 후, 스무 번째 주기의 특정 부분을 확대하여 그렸다. 0.15718 V 근처를 나타내는 수평선은 해석적인 해인 $\dfrac{1}{\sqrt{1+(2\pi)^2}}$ V에 해당한다.

그럼 실제 TCAD 툴에서는 시간 미분의 처리를 위해서 어떤 방법을 사용하고 있을까? 지금까지의 논의만 보면, Gear의 2차 방법을 늘 사용할 것 같지만, 실제로는 여러 가지 시간 미분법들을 사용자들에게 제공하면서, 사용자가 상황에 따라 선택할 수 있도록 하고 있다. 예를 들어서, backward Euler 방법 같은 경우에는 그림 2.4.8에서 보인 것과 같이, 정확한 진폭을 계산하지 못하는 것에서 보는 것처럼, 과도하게 저항 성분을 크게 계산해 주는 경향이 있다. 그러나 우리의 목표가 정확한 진폭을 구하는 것이 아니라, 초기의 응답을 빠르게 지나서 안정화된 해를 구하는 것일 때에는, 오히려 backward Euler 방법이 더 적합할 때도 있다. 또한 backward Euler 방법보다 더 정확한 방법을 찾을 때에도, Gear의 2차 방법이 가장 좋은 것이 아닐 수 있다. 반도체 소자 시뮬레이션에서는 (여기서는 다루지 않은) trapezoidal rule과 Gear의 2차 방법을 내부적으로 결합해서 사용하는 방법이 제안되어서 사용되고 있다. 이 방법은 TR-BDF2[2–4]라고 불리는데, 하나의 시간 간격을 내부적으로 나누어서 계산하다 보니, 실제로는 두 번 계산하는 것과 같은 방법이다. 상황에 따라서 적합한 방법들이 다를 수 있으므로, TCAD 툴에서는 여러 가지 방법들을 제공하며 적절한 선택은 사용자에게 맡기는 편이다.

이후로 이 책에서는, 주로 backward Euler 방법을 기반으로 설명을 이어가기로 한다. 이것은 주로 실습의 편의성을 위한 결정이다. 관심 있는 독자들은 더 발전된 시간 미분법을 시도해 보는 것도 흥미로운 실습이 될 것이다.

2.5 희소 행렬(Sparse matrix)

지금까지 $Ax = b$의 꼴을 가지고 있는 행렬 방정식을 푸는 일에 대해서는 별도의 설명 없이 독자가 수행할 수 있다고 가정하고 논의를 진행하였다. MATLAB이나 Python 같은 환경에서 작업하는 독자라면 행렬을 구성하고 그것에 대한 방정식을 푸는 일이 그다지 어렵지 않은 일일 것이며, 그렇지 않은 환경에서 작업하는 경우라면 좀 더 많은 노력이 필요할 것이다. 어떤 경우라도 특별히 정사각행렬인 A가 가지는 특징에 대해서는 생각하지 않았고, 역행렬이 존재한다는 사실만 가정하였다.

이번 절에서 논의하는 것은 행렬 A의 성질에 대한 것이다. 예를 들어, 식 (2.3.6)에 나타난 행렬 A를 다시 한번 살펴보자. 물론 이 행렬 A 자체는 역행렬이 존재하지 않아서 식 (2.3.9)와 같이 경계 조건을 인가해서 변경해야 하지만, 여기서는 역행렬을 구하는 것이 목적이 아니므로 그냥 다시 보자.

$$A = \begin{bmatrix} -2 & 1 & \frac{1}{2} & 0 & 0 & 0 & \frac{1}{2} & 0 & 0 & 0 \\ 1 & -2 & 0 & \frac{1}{2} & 0 & 0 & 0 & \frac{1}{2} & 0 & 0 \\ \frac{1}{2} & 0 & -2 & 1 & \frac{1}{2} & 0 & 0 & 0 & 0 & 0 \\ 0 & \frac{1}{2} & 1 & -2 & 0 & \frac{1}{2} & 0 & 0 & 0 & 0 \\ 0 & 0 & \frac{1}{2} & 0 & -2 & 1 & 0 & 0 & 0 & \frac{1}{2} \\ 0 & 0 & 0 & \frac{1}{2} & 1 & -2 & 0 & 0 & \frac{1}{2} & 0 \\ \frac{1}{2} & 0 & 0 & 0 & 0 & 0 & -1 & \frac{1}{2} & 0 & 0 \\ 0 & \frac{1}{2} & 0 & 0 & 0 & 0 & \frac{1}{2} & -1 & 0 & 0 \\ 0 & 0 & 0 & 0 & \frac{1}{2} & 0 & 0 & -1 & \frac{1}{2} \\ 0 & 0 & 0 & 0 & \frac{1}{2} & 0 & 0 & 0 & \frac{1}{2} & -1 \end{bmatrix} \tag{2.5.1}$$

이 행렬의 특징은 많은 경우, 행렬의 성분이 0이라는 점이다. 이 점을 부각하기 위해, 0인 부분은 점으로 표시하고, 0이 아닌 부분은 X로 표시해 보면 다음과 같이 보이게 된다.

$$\begin{bmatrix} X & X & X & \cdot & \cdot & \cdot & X & \cdot & \cdot & \cdot \\ X & X & \cdot & X & \cdot & \cdot & \cdot & X & \cdot & \cdot \\ X & \cdot & X & X & X & \cdot & \cdot & \cdot & \cdot & \cdot \\ \cdot & X & X & X & \cdot & X & \cdot & \cdot & \cdot & \cdot \\ \cdot & \cdot & X & \cdot & X & X & \cdot & \cdot & \cdot & X \\ \cdot & \cdot & \cdot & X & X & X & \cdot & \cdot & X & \cdot \\ X & \cdot & \cdot & \cdot & \cdot & \cdot & X & X & \cdot & \cdot \\ \cdot & X & \cdot & \cdot & \cdot & \cdot & X & X & \cdot & \cdot \\ \cdot & \cdot & \cdot & \cdot & \cdot & X & \cdot & \cdot & X & X \\ \cdot & \cdot & \cdot & \cdot & X & \cdot & \cdot & \cdot & X & X \end{bmatrix} \tag{2.5.2}$$

이렇게 보면, 전체 성분들 중에서 얼마나 0이 아닌 성분이 있는지 궁금하게 된다. 전체 100개의 성분이 있는데, 이 중에서 X로 표시된 0이 아닌 성분은 오직 36개에 불과하다. 그러므로 전체의 64 %는 0인 상황이다.

36 %라는 0이 아닌 성분의 비율은 그다지 작지는 않다고 느끼는 독자가 있을 수 있으며, 실제로 그렇다. 이 A 행렬이 오직 10개의 점을 가진 그림 2.2.8의 구조에 대한 것임을 생각하면서, 막대 형태 구조가 100개의 점을 가지도록 나뉘었다고 생각해 보자. 즉, 세로 방향으로 50개의 점이 배정되고, 가로 방향으로는 여전히 2개의 점이 배정되는 것이다. 이 경우에는 1만개의 성분이 A 행렬에 배정될 텐데, 이 중에서 0이 아닌 성분은 396개가 된다. 왜 이렇게 되는지는 직접 구조를 통해서도 살펴볼 수 있으나, 머릿속에서 조금씩 점의 숫자를 늘려가면서 생각해 보아도 이해할 수 있을 것이다. 그럼 이 경우에는 0이 아닌 성분의 비율은 3.96 %로 낮아지게 된다. 물론 막대 형태 구조에 비슷한 방식으로 1000개의 점을 가지도록 한다면, 그 비율은 0.3996 %로 낮아질 것이다. 현실적으로 사용하는 점의 숫자가 수천~수십만 정도임을 생각해 본다면, A 행렬에서 0이 아닌 성분이 차지하는 비율은 매우 낮을 것으로 예측할 수 있다.

이상의 논의에서 알 수 있는 것은, 0이 아닌 성분을 채워 넣는다고 보는 관점에서, 사실 행렬 A는 거의 비어있는 행렬인 것이다. 따라서 저장 측면에서 볼 때, 거의 대부분 0인 성분 값들을 다 기록하는 것은 효율성이 떨어질 것이다. 비유를 들어보자. 어느 대학의 강의실에서 이뤄지는 모든 수업의 내용을 녹음하고 싶다고 생각해 보자. 이를 위해서 가장 단순한 방법은 중단하지 않고 녹음기를 계속 작동시키는 것이다. 이러면 어떠한 형태의 강의실 사용 방식이라도 놓치지 않고 대응할 수 있을 것이다. 그러나 만약, 통상적인 강의실 사용에 따라서 학기 중의 일과 시간에만 강의가 이뤄지는 상황이라면, 오직 강의 시간에만 녹음기를 작동시키면서, 그 시작 시점과 끝 시점에 시간을 기록해 놓는 것만으로도 충분할 것이다. 이러면 동일한 정보를 훨씬 더 작은 저장매체를 사용해서 얻을 수 있게 된다. 이러한 비유처럼, 행렬 A를 저장할 때에도 오직 0이 아닌 성분들만 기록하고, 특별한 언급이 없는 위치의 성분들은 0으로 취급하는 방식으로 저장 효율성을 높일 수 있을 것이다.

희소 행렬이 저장 효율성을 높이는 방법이라는 사실은 쉽게 이해할 수 있고, 이것은 더 큰 크기를 가진 Ax = b 의 꼴을 가지고 있는 행렬 방정식을 풀 수 있도록 해준다. 예를 들어서 계산전자공학 분야에서 풀어주는 시스템들은 전형적인 경우에, 수천~수십만 정도의 변수를 가지게 된다. 너무 크지 않은, 1만 개의 변수를 가지고 있는 경우를 고려해 보자. 이 행렬을 희소 행렬로 생각하지 않고 모든 성분들을 순서대로 다 기록해 본다고 생각하자. 그럼, 8 바이트로 표현되는 double precision 실수가 1억 개 필요할 것이다. 이것은 0.8 GB에 해당하는 저장 공간이 단지 행렬을 저장하는 데 사용된다는 것을 뜻한다. 0.8 GB가 그다지 크지 않다고 생각이 된다면, 변수의 개수를 10만 개로 증가시켜 보자. 10만 개의 변수 역시, 현재의 계산전자공학 분야 응용에서는 그렇게 작지도 않지만, 그렇다고 매우 큰 숫자가 아니다. 그러나 이 행렬을 단지 저장하는 데 필요한 저장 공간은 80 GB가 된다. 게다가 여기서 더 변수의 숫자를 키우게 되면, 그 비율의 제곱만큼 저장 공간 사용이 늘어나서 감당하기가 어렵게 된다.

이를 실습을 통해 알아보기 위해 다음과 같은 간단한 문제를 다루어 보자. 전체 변수의 개수가 N이라고 할 때, 행렬 A는 (1부터 시작하는 인덱스를 생각할 때) 두 번째 행부터 $N-1$번째 행까지 다음과 같은 꼴을 가지고 있다. 행의 인덱스가 i이라고 하자.

$$A_{i,i+1} = A_{i,i-1} = 1 \tag{2.5.3}$$

$$A_{i,i} = -2 \tag{2.5.4}$$

그리고 처음과 마지막 행에 대해서 다음과 같다고 하자.

$$A_{1,1} = A_{N,N} = 1 \tag{2.5.5}$$

그리고 벡터 b는 다른 성분들은 모두 0이고 오직 b_N만 1이라고 하자. 이 A 행렬에서 0이 아닌 성분이 차지하는 비율은 $\dfrac{3N-4}{N^2}$로 주어져서, N이 클 경우에는 $\dfrac{3}{N}$에 가까울 것이다. 예를 들어 1000개의 변수가 있다면, 0.3 %가 된다. 이상에서 볼 수 있는 것처럼, 행렬 A는 희소 행렬임이 분명하지만, 이 행렬을 그냥 일반적인 행렬로 생각하여 비효율성을 체험해 보도록 한다. 이것이 실습 2.5.1에 나타나 있다.

실습 2.5.1 ────────────────────────────────

바로 앞에서 다룬 Ax= b를 변수의 개수인 N을 10개, 100개, 1천 개, 1만 개, 10만 개,… 이렇게 계속 10배씩 키워가면서 풀어보자. 물론 작은 수의 N에 대해서는 아무런 문제가 없을 것이다. 자신의 개발 환경에서 더 이상 정상적으로 동작하지 않을 때까지 키워나가 보자.

어느 정도의 N에서 문제가 발생할지는 각자의 개발 환경에 따라 다를 수 있으므로, 각자 파악해 보기로 하자. 그리고 이제 같은 문제를 행렬 A를 희소 행렬로 취급하여 다시 수행해 보도록 하자.

실습 2.5.2 ────────────────────────────────

실습 2.5.1과 동일한 일을 희소 행렬을 사용하여 반복하자. 물론 희소 행렬을 사용하여도 N을 무한정 키울 수는 없을 것이다. N을 10개, 100개, 1천 개, 1만 개, 10만 개, 100만 개, 1000만 개,… 이렇게 계속 10배씩 키워가면서 결과를 얻어 보자. 이를 통해서 희소 행렬 구현의 효용성을 확인하자.

실습 2.5.1과 실습 2.5.2의 비교를 통해서 매우 큰 차이를 확인할 수 있을 것이다. 결론적으로, 계산전자공학에 등장하는 문제를 행렬로 나타낼 때에는 희소 행렬로 나타내는 것이 필수적이다. 따라서 이후의 논의는 모두 희소 행렬을 사용하여 효율적으로 행렬 방정식을 풀 수 있다고 가정하고 진행하도록 하자.

산화 공정

3.1 들어가며

독자들은 제2장의 실습들을 통하여 2차원/3차원 구조에 대해서 미분연산자를 이산화하는 방법을 배웠다. 또한 시간의 변화에 따른 물리량의 변화를 다루는 법도 학습하였다. 이러한 기법들은 따로따로 다루어졌으며, 실제 문제에 적용되지는 않았다. 이번 장부터 반도체 공정을 다루어가면서, 제2장에서 배운 기법들이 어떻게 활용이 되는지 확인할 수 있다. 이번 장인 제3장에서는 산화 공정을 먼저 다루기로 하며, 주로 2차원 구조에 대한 처리가 유용하게 사용될 것이다.

실리콘 기판 위에 산화막을 생성하는 방법은 다양하게 존재한다. 그중에서 높은 온도 (900~1250 ℃)에서 일어나는 열산화(Thermal oxidation)를 다룬다. 열산화는 기존의 실리콘 기판이 실리콘 산화물로 바뀌는 것인데, 이러한 방법 외에도 증착(Deposition)을 통해서도 산화막을 만들 수 있다. 이러한 증착 공정의 고려는, 제6장에서 형상의 변화를 따라가는 정도로 간략하게 다루어진다.

3.2 산화 공정의 원리

산화 공정은 웨이퍼의 표면에 얇은 실리콘 산화물의 막을 생성하는 것을 목적으로 한다.

실리콘 산화물은 박막으로서의 물리적 성질이 우수하며 전기적으로도 우수한 절연체이다. 어떤 화학 물질들에 대해서는 잘 견디면서도, 또 다른 적절한 화학 물질들에 의해서는 쉽게 식각이 될 수 있다. 실리콘 공정 기술이 이토록 성공적일 수 있었던 것에는 우수한 실리콘 산화물 막의 존재가 큰 역할을 해왔다.

실리콘 산화막은 MOS 구조의 게이트 유전체로 사용되고, 이온 주입 공정의 마스크로 사용되며, 인접한 소자들을 전기적으로 분리하는 데에도 사용된다. 또한 후공정에서는 금속 배선들 사이의 절연막으로서도 사용된다. 이런 다양한 응용처에 사용되므로, 필요한 두께 역시 수 nm에서부터 수 μm까지 매우 다양하다.

실리콘은 심지어 상온(Room temperature)에서도 산화막을 생성한다고 알려져 있다. 이렇게 생성되는 산화막의 두께는 0.5 nm에서 1 nm에 불과하다고 하며, 일단 이렇게 얇은 막이 생성되고 난 이후에는 상온에서는 더 이상의 산화막 성장은 일어나지 않는다. 쉽게 말해 얇은 코팅막이 생겨서 실리콘을 가스 층과 분리하여 추가적인 산화를 막는 것이다. 그러나 열산화가 일어나는 온도(대략 900 ℃부터 1250 ℃까지의 범위)에서는 이렇게 실리콘과 산소가 포함된 가스 층이 분리가 되어 있어도, 높은 온도의 도움을 받아서 산화 반응이 계속 일어날 수 있다.

고온에서 중간에 산화막으로 분리되어 있는 실리콘과 가스 층 내부의 산소가 반응을 일으킨다고 하면, 자연스럽게 다음과 같은 질문이 생긴다. "실리콘이 움직이는 것인가? 아니면 산소가 움직이는 것인가?" 이에 대한 해답을 얻기 위해 연구자들이 다양한 실험을 해왔다. 산화 공정에서 초기와 후기에 서로 다른 산소의 동위원소(O^{16}과 O^{18})를 도입하여 생성되는 산화막의 선후 관계를 판단하는 실험[3-1]에 따르면, 나중에 도입된 산소 동위원소가 대부분 실리콘과 산화막의 경계에서 발견되었다고 한다. 이러한 실험 결과는 산화 공정에서 움직이는 것이 실리콘이 아니라 산소라는 점을 뒷받침한다. 즉 분자 상태의 산소가 긴 거리를 이동하여 실리콘과 산화막의 계면에 있는 실리콘 원자를 만나고, 이 원자가 다른 실리콘 원자와 맺고 있던 결합이 끊어지고 대신 산소 원자와 결합하는 것이다.

실리콘과 산화막의 계면에서 일어나는 화학 반응은 크게 두 가지가 고려된다고 한다.

$$Si + O_2 \Rightarrow SiO_2 \tag{3.2.1}$$

$$Si + 2H_2O \Rightarrow SiO_2 + 2H_2 \tag{3.2.2}$$

첫 번째 반응을 건식(dry) 산화라고 하고, 두 번째 반응을 습식(wet) 산화라고 한다. 이러한 표현은 물 분자의 유무에 따라서 이름 붙여진 것이다. 물론 산화 공정 시에 고온로(Furnace)에 어떤 가스를 공급하느냐에 따라 이러한 조건의 차이가 만들어질 것이다.

식 (3.2.1)이나 식 (3.2.2)와 같은 화학 반응을 통해서 비정질(Amorphous)의 실리콘 산화물이 생성되며, 생성된 실리콘 산화물의 단위 부피당 질량은 약 2.27 g cm^{-3} 정도의 값을 가진다고 알려져 있다. 그림 3.2.1에 그려진 흔히 석영(Quartz)이라고 불리는 결정질(Crystalline) 실리콘 산화물이 단위 부피당 질량이 약 2.65 g cm^{-3}임을 생각하면, 이보다 덜 촘촘하게 원자들이 배치되어 있음을 알 수 있다.

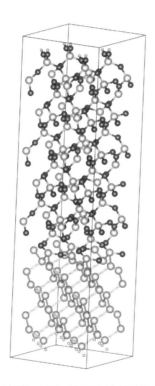

그림 3.2.1 실리콘 기판 위에 석영 막이 있는 구조. 이 구조의 실리콘 산화막에서는 원자들이 규칙적으로 배치되어 있으므로, 비정질의 경우보다 더 높은 단위 부피당 질량을 가진다.

앞서 논의한 것과 같이, 실리콘의 열산화는 원래 존재하던 실리콘 층 위에 새로 생성된 실리콘 산화막이 증착되어 일어나는 것이 아니라, 산소 원자가 (물 분자나 산소 분자의 형태로) 제공이 되어 실리콘과 반응이 일어나는 것이다. 즉, 마른 땅 위에 눈이 쌓이는 것보다는 비가 와서 진흙탕이 되어가는 과정에 비유할 수 있을 것이다. 이에 따라, 가스의 형태로 제공된 산소 원자가 이미 생성되어 있는 산화막 층을 통과하여 아직 산화되지 않은 실리콘 층을 만나야 산화 과정이 일어날 수 있을 것이다. 이러한 이유로, 산화 공정을 고려할 때는 실리콘과 산소가 계면에서 만나서 반응을 일으키는 현상과 함께, 산소 원자가 기존의 실리콘 산화막 층을 이동하는 과정도 함께 고려되어야 한다.

원래 존재하던 실리콘 층에 산소 원자들이 파고들어서 자리를 차지하는 과정이므로, 산소 원자들이 들어갈 공간을 위해서 부피가 팽창해야 한다. 결정질 실리콘은 5×10^{22} cm^{-3}의 단위 부피당 원자수를 가지고 있지만, 비정질 실리콘 산화막은 2.3×10^{22} cm^{-3}의 단위 부피당 분자수를 가지고 있으므로 (그래도 실리콘 원자는 분자당 하나) 부피는 약 120 % 정도 커지게 된다. 세 방향으로 모두 팽창이 가능하다면 각 변의 길이가 약 30 % 정도씩 커지게 되겠지만, 기판 평면 방향으로는 더 팽창하기 어렵기 때문에, 결국 120 % 정도의 길이 차이가 기판 면에 수직한 방향으로 생긴다. 즉, 최초에 실리콘과 가스 층 사이의 계면을 기준으로 생각하면, 실리콘 산화막이 생성되고 나면 크게 부풀어 오르게 된다.

실험적으로 알려진 산화 공정의 속도를 결정하는 파라미터들은 요약해 보면 다음과 같다. 건식 산화는 습식 산화보다 성장 속도가 느리다. 공정 온도가 증가하면 산화율이 크게 증가한다. 고온로의 압력이 높아지면 산화율이 증가한다. (111) 면의 기판이 (100) 면의 기판보다 높은 산화율을 보인다. 기판에 이미 존재하는 불순물 원자의 농도도 산화 공정의 속도에 영향을 미치는데, 불순물 원자의 농도가 높은 경우에 산화 공정의 속도가 (특히 낮은 공정 온도에서) 3~4배까지 빨라진다고 한다.

3.3 Deal-Grove 모델의 유도

우리의 목적은 열산화 공정을 위한 시뮬레이션 프로그램을 작성하는 것이지만, 그 전에 간단한 모델을 다루면서 산화 공정에 대한 이해를 높이는 것이 필요하다. 이런 측면에서, Deal-Grove 모델[3-2]을 다루어 보도록 하자. 이 모델은 1965년에 발표되었다. 놀라운 것은, 지금의 발전된 수치해석 모델도 그 핵심에는 이 Deal-Grove 모델에서 다룬 몇 가지 관찰들이 그대로 사용되고 있다는 점이다.

여기서는 (1) 산화막 외부의 가스 층에 있던 산소가 산화막으로 주입되는 과정, (2) 산화막을 통과하여서 실리콘을 향해서 확산해 가는 과정, 그리고 (3) 실리콘/산화막 계면에서 실리콘 원자를 만나서 반응하고 새로운 산화막으로 변화하는 과정을 고려하고 있다. 그림 3.3.1

이 모델에서 고려하고 있는 좌표를 나타내고 있다고 생각해 보자. x_O는 지금 시점에서의 산화막의 두께를 나타내고 있다. 물론 시간이 지남에 따라 x_O의 값은 커질 것이며, 이것을 시간의 함수로 표현하는 것이 목적이다. 이때, 산소 원자를 운반하는 분자(건식 산화에서는 산소 분자, 습식 산화에서는 물 분자)를 산화제(Oxidant)라고 하고, 이 산화제의 움직임에 주목하게 된다.

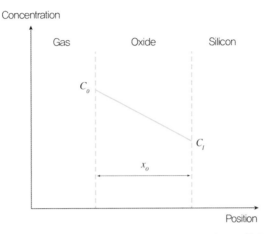

그림 3.3.1 가스 층, 산화막 층 그리고 실리콘 기판으로 이루어진 영역들. y축은 산화를 일으키는 산화제 (Oxidant)의 농도가 된다. 문헌들의 표기법을 따라서, C_O와 C_I가 두 계면에서의 농도를 나타내고 있다.

각 과정에 대해서 설명해 보자. 먼저 산화제는 가스의 형태로 어디선가 공급이 될 것이다. 이때, 산화제가 공급되는 어딘가로부터 가스/산화막 계면까지 이동하는 과정이 필요하고, 계면에서 공급되는 과정이 필요하다. 그렇지만 가스 층에서의 산화제의 움직임이 계면에서의 주입보다 훨씬 활발하다고 생각하여서, 오직 계면에서의 주입만을 생각하게 된다. 산화막에 녹을 수 있는 산화제의 최대 농도(C^*로 표시하며, 산소 분자에 대해서는 약 5×10^{16} cm^{-3}이고 물 분자에 대해서는 약 3×10^{19} cm^{-3}이라고 한다.)와 가스/산화막 계면에서의 농도(C_O)는 일반적으로는 다를 수 있을 것이다. 만약 이 두 가지 농도들 사이에 차이가 난다면, 그 농도 차이를 줄이는 방향으로 가스 층으로부터 산화막으로 산화제의 이동이 생길 것이다. 이렇게 가스 층에서 산화막 층으로 산화제가 주입되는 flux를 F_1이라고 표시하면, 다음과 같은 식이 성립할 것이다.

$$F_1 = h(C^* - C_O) \tag{3.3.1}$$

여기서 h는 가스/산화막 계면에서의 반응의 속도를 나타내는 상수이며, 속도의 차원을 가진다. 보통 h는 매우 크다고 가정된다.

두 번째는 산화제가 산화막을 통과하여서 실리콘을 향해서 확산해 가는 과정이다. 확산 공정 자체는 제3장에서 더 자세히 다루겠지만, 여기서는 일단 확산에 의한 flux는 농도의 기울기에 비례한다는 사실만 이용하도록 하자. 물론 산화막 내부에서의 산화제의 농도는 임의의 꼴을 가질 수 있겠지만, 여기서는 그림 3.3.1과 같이 선형 분포를 가정하여서, 가스/산화막 계면에서의 농도인 C_O와 산화막/실리콘 계면에서의 농도인 C_I만 가지고 표현하도록 하자. 그럼 이 두 번째 과정의 flux를 F_2이라고 표시하면, 다음과 같이 표시될 것이다.

$$F_2 = D\frac{C_O - C_I}{x_O} \tag{3.3.2}$$

여기서 등장하는 D는 제3장에서도 다시 다루겠지만 diffusivity(확산 계수)이며 $\mathrm{cm}^2\ \mathrm{sec}^{-1}$와 같은 단위로 표현하곤 한다. 지금은 일단 특정 조건 아래에서 주어진 숫자라고 생각하자.

마지막으로 실리콘/산화막 계면에서 실리콘 원자를 만나서 반응하고 새로운 산화막으로 변화하는 과정이 있다. 기판의 면 방향에 따라 달라지는 실리콘 원자의 면 밀도(Areal density)가 이 과정에서 중요한 요소겠지만, 현재는 산화제 관점으로 보고 있으므로, 이러한 정보는 모두 반응 상수인 k_S에 고려되어 있다고 생각하자. 이렇게 구체적인 내용들은 빼고 나면, 결국 flux는 얼마나 많은 산화제가 존재하느냐에 의해서 결정될 것이며, F_3에 대한 식은 다음과 같이 된다.

$$F_3 = k_S C_I \tag{3.3.3}$$

이렇게 세 가지 과정에 대한 flux들을 표시해 보았는데, 이 중에서 모르는 값으로 생각할 수 있는 것은 C_O와 C_I일 것이다. C^*은 산화제의 종류에 따라 결정되는 값이며, h, D, 그리고 k_S와 같은 값들은 속에 복잡한 물리적인 현상들을 담고 있지만 결국 상수로 표현된다. 그리고 x_O는 지금 시점에서의 산화막의 두께이므로 알고 있다고 생각한다. 이렇게 미지수가 두 개인 상황에서는 두 개의 식이 필요하다. 만약 저자에게 1960년대로 현재의 우수한 컴퓨터를 가지고 시간 여행을 하여 이 문제를 풀 기회가 주어진다면, 아마도 가스/산화막 계면과 산화막/실리콘 계면의 두 지점에서 C_O와 C_I의 시간에 따른 변화율을 계산하는 방정식을 풀었을 것이다. 물론 이 방법이 가장 정석적인 접근법이다.

그러나 진정 공학적으로 중요한 관찰은 이러한 산화 공정이 매우 천천히 일어난다는 사실이다. 이 상황을 청소년기의 키 성장에 비유해 보자. 사람의 키가 커나가는 것은 유전자에 의한 영향과 함께 충분한 영양분의 공급이 중요할 것이다. 개인별 유전자에 성장률의 차이는 마치 h, D 그리고 k_S와 같은 값들에 해당할 것이며, 영양분의 공급은 C_O와 C_I에 비유될 수 있을 것이다. 이때, 키 성장을 나타내기 위해 매우 짧은 시간 간격으로 키의 변화에 대한 방정식을 풀어주는 것이 정확한 접근법일 것이다. 그러나 실제로는 성장 과정이 몇 개월, 몇 년에 걸쳐 매우 느리게 진행되므로, 매일매일의 상황을 고려할 때에는 그날의 키가 정해져 있다고 생각하고 개인의 영양 섭취와 열량 소모의 균형만 생각해도 예측 결과가 정확한 방정식을 푼 것과 그다지 다르지 않을 것이다.

바로 Deal-Grove 모델의 핵심 아이디어는, 산화막의 느린 성장률을 감안하여, 각 순간에 대해서 마치 정상 상태(Steady-state)인 것처럼 취급하는 것이다. 이를 통해, 가스/산화막 계면과 산화막/실리콘 계면의 두 지점에서의 관계식이 다음과 같이 매우 간단하게 표시된다.

$$F_1 = F_2 \tag{3.3.4}$$

$$F_2 = F_3 \tag{3.3.5}$$

다시 강조하자면, 이들 식에는 원래 시간 미분 항이 있어야 하지만, 정상 상태를 가정하여 생략된 것이다. 결국 세 개의 flux들이 모두 같다는 것이며, 이 공통의 값을 F라고 하자. 위의 두 개의 식들에 식 (3.3.1), 식 (3.3.2), 식 (3.3.3)을 대입하여 정리하면, F에 대한 다음의 관계식이 얻어진다.

$$F = \frac{C^*}{\dfrac{1}{k_S} + \dfrac{1}{h} + \dfrac{x_O}{D}} \tag{3.3.6}$$

일단 이렇게 flux가 구해지면, 이 flux를 이용하여 x_O의 시간 변화량을 계산할 수 있다. 이 값은 하나의 산화제 분자가 만들어 내는 공간(새로 생성되는 산화막)의 부피와 산화제 분자의 flux인 F를 곱해서 얻어질 것이다. 비정질 실리콘 산화막은 2.3×10^{22} cm^{-3}의 단위 부피당 분자수를 가지고 있으므로, 산화제인 산소 분자 하나가 사용되는 건식 산화에 대해서는 산화제 분자 하나로 약 4.3478×10^{-23} cm^{3}의 부피가 생성될 것이다. 산화제인 물 분자가 두 개 사용되는 습식 산화라면, 산화제 분자 하나로 이 숫자의 반인 약 2.1739×10^{-23} cm^{3}의 부피가 생성될 것이다. 이때, N_1을 2.3×10^{22} cm^{-3}(건식 산화) 또는 4.6×10^{22} cm^{-3}(습식 산화)라고 하면, x_O의 시간 변화량은 다음과 같이 표현이 가능하다.

$$\frac{dx_O}{dt} = \frac{F}{N_1} = \frac{\dfrac{C^*}{N_1}}{\dfrac{1}{k_S} + \dfrac{1}{h} + \dfrac{x_O}{D}} \tag{3.3.7}$$

이 식을 x_O에 대한 미분 방정식으로 보면, 여러 개의 상수들을 간략하게 써서 다음과 같이 표현할 수 있다.

$$\frac{dx_O}{dt} = \frac{B}{A + 2x_O} \tag{3.3.8}$$

물론 여기서 등장하는 A와 B는 다음과 같다.

$$A = 2D\left(\frac{1}{k_S} + \frac{1}{h}\right) \tag{3.3.9}$$

$$B = 2D\frac{C^*}{N_1} \tag{3.3.10}$$

그래서 A는 길이의 차원을 가지게 되고 B는 길이의 제곱을 시간으로 나눈 차원을 가지게 된다. 식 (3.3.8)은 다음과 같이 정리될 수 있다.

$$(A + 2x_O)\frac{dx_O}{dt} = B \tag{3.3.11}$$

이 식을 초기 시간인 0부터 t까지 적분하면 다음의 결과를 얻는다.

$$x_O^2 + Ax_O = B(t + \tau) \tag{3.3.12}$$

여기서 τ는 시간이 0일 때의 두께를 맞추기 위해서 도입되었다. 즉, 초기의 두께가 x_{init}으로 표시된다면 τ는 다음의 관계를 만족하는 수이다.

$$x_{init}^2 + Ax_{init} = B\tau \tag{3.3.13}$$

이제 식 (3.3.12)로부터 시간에 따른 x_O의 변화를 다음과 같이 구할 수 있게 된다.

$$x_O = \frac{A}{2}\left(\sqrt{1 + \frac{4B}{A^2}(t + \tau)} - 1\right) \tag{3.3.14}$$

이 식이 바로 Deal-Grove 모델의 결과식이다. 초기 두께와 A, B를 가지고 산화막의 두께를 예상할 수 있다.

이 모델은 linear parabolic 모델이라고 불리기도 하는데, 이유는 다음의 극한꼴들 때문이다. 긴 시간이 경과하여 $\frac{4B}{A^2}(t + \tau)$가 1보다 훨씬 커지게 될 경우, 두께가 시간의 제곱근의 형태로 얻어진다.

$$x_O \approx \sqrt{Bt} \tag{3.3.15}$$

반대로 아주 짧은 시간만 경과하여 $\frac{4B}{A^2}(t + \tau)$가 1보다 훨씬 작은 경우라면, 다음과 같이 두께가 시간에 따라 선형적으로 증가한다.

$$x_O = \frac{B}{A}(t + \tau) \tag{3.3.16}$$

즉, 처음에는 시간에 따라서 산화막이 선형적으로 잘 자라나다가, 점차 시간이 지나고 나면 성장률이 낮아지면서 천천히 산화되는 모습을 보이며, 처음에는 직선 같다가 나중에는 포물

선 같다고 하여 linear parabolic 모델이라는 이름이 붙은 것이다.

실습 3.3.1 ────────────────────────────

Deal-Grove 모델의 식 (3.3.14)를 고려하자. B가 0.0117 μm^2 hr^{-1}이며, $\dfrac{B}{A}$가 0.0709 μm hr^{-1}라고 가정하자. 초기 조건에 τ가 0.37 hr에 해당할 때 (다른 말로는 초기 두께가 23 nm일 때), 산화막의 두께를 시간의 함수로 그려보자. 이 실습에서는 별도의 수치해석은 필요 없고 그냥 식 (3.3.14)를 그려보면 된다.

그림 3.3.2는 실습 3.3.1을 수행한 결과이다. 전체적으로 보아 선형적인 특성을 나타내지만, 자세히 보면 시간이 지남에 따라 기울기가 조금씩 작아지고 있음도 확인할 수 있다. 이런 결과로부터, 특정 두께를 성장시키기 원한다면 얼마나 산화 공정을 진행시켜야 하는지 가늠할 수 있다. 예를 들어 1시간 정도 공정을 진행해야 70 nm 두께의 막을 생성할 수 있으며, 40 nm 정도의 막을 생성하고 싶다면 0.3시간 정도가 필요하다.

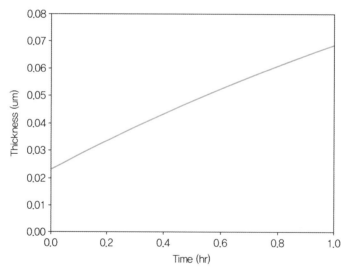

그림 3.3.2 실습 3.3.1을 수행한 결과. 시간이 지남에 따라 산화막의 두께가 증가하는 것을 알 수 있으며, 증가율은 시간이 지남에 따라서 작아진다.

실제로 유용한 결과를 얻기 위해서는 공정 조건에 따라서 A와 B 파라미터들이 어떠한 형태를 가지는지를 알아야 할 것이다. 예를 들어 온도에 따라서 이 파라미터들이 어떻게 반응하는지 아는 것은 아주 중요할 일이다. 그러나 이 책의 목표는 수치해석 기법을 소개하는 것이므로, 이러한 파라미터들의 함수꼴들은 알려져 있다고 생각하고, 이제 다음 단계로 넘어가도록 하자.

3.4 Deal-Grove 모델의 수치해석적 구현

앞 절에서 우리는 Deal-Grove 모델의 유도를 소개했다. 제3장에서 우리의 궁극적인 목적은 2차원에서 산화 공정을 컴퓨터로 시뮬레이션하는 것이지만, 이러한 목적을 달성하기 위한 중간 단계로 해석적인 해가 얻어지는 Deal-Grove 모델을 수치해석 계산으로 구현해 보자. 이러한 과정을 통해서 자연스럽게 컴퓨터 시뮬레이션에 익숙해질 수 있을 것으로 기대한다.

Deal-Grove 모델의 유도에서 중요한 부분이, "산화 공정과 관련된 세 개의 flux들이 시간 미분의 효과가 거의 없는 정상 상태로 놓여 있다고 볼 수 있다."라는 점이다. 동일한 결과를 얻기 위해 이 점은 이번 절에서도 계속 유지한다.

이제 시뮬레이션 영역을 어떻게 설정할지 생각해 보자. Deal-Grove 모델에서는 부피 팽창을 고려하지 않으므로, 좌표의 선정은 임의로 진행해도 될 것이다. 그래서 산화막과 가스 층의 계면을 $x = 0$로 하는 1차원 공간을 생각하자. 이 공간은 $x = 0$부터 시작해서 무한대에 가까운 두께(웨이퍼의 두께인 500~600 μm)까지 뻗어있겠지만, 실제 구현할 때에는 산화막의 두께까지만 고려하면 될 것이다. 산화막과 실리콘의 계면을 정확하게 나타내기 위해서는

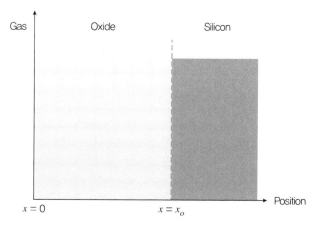

그림 3.4.1 Deal-Grove 모델의 수치해석적 구현을 위해 가정한 구조. 점은 0부터 x_O까지만 배정된다.

계면에 점이 위치해야 할 것이며, 가장 마지막 점이 바로 계면을 나타낼 것이다.

앞 절에서 소개했던 내용들을 기억해 보자. 그림 3.3.1을 참고해 보면, 이 문제는 산화막 내부(좌표로는 0부터 x_O까지)에서의 산화제의 확산 현상을 중심으로 하여, 가스/산화막 계면과 산화막/실리콘 계면에서의 flux들을 경계 조건으로 삼아서 풀 수 있을 것이다. 3.6절의 2차원 확장까지를 염두에 두고, 여기서는 일단 일반적인 형태로 식을 보이고, 나중에 1차원으로 차원을 낮춰보도록 하자.

정상 상태에서의 산화제 농도에 대한 연속 방정식(Continuity equation)을 써보면, 시간 미분항은 없고, 오직 flux에 의한 항만을 가지고 있어서 다음과 같이 쓸 수 있다.

$$\nabla \cdot \mathbf{F} = 0 \tag{3.4.1}$$

여기서 벡터장인 $\mathbf{F}$는 산화제의 flux를 나타낸다. 물론 식 (3.3.2)를 일반화하여서, $\mathbf{F}$의 꼴은 다음과 같이 쓸 수 있을 것이다.

$$\mathbf{F} = -D\nabla C \tag{3.4.2}$$

음의 부호는 농도가 높은 곳에서 낮은 곳으로 흘러감을 나타내기 때문에 생략하면 안 된다. 그럼 식 (2.3.10)에 다룬 것과 같이, Ω_i라는 영역에 대해서 식 (3.4.1)을 적분하면 다음의 결과를 얻게 된다.

$$\oint_{\partial \Omega_i} \mathbf{F} \cdot da = \sum_j \int_{\partial \Omega_{ij}} \mathbf{F} \cdot da + \int_{\partial \Omega'_i} \mathbf{F} \cdot da = 0 \tag{3.4.3}$$

물론 Ω_i라는 영역이 경계를 포함하고 있지 않다면 $\partial \Omega'_i$는 존재하지 않을 것이다. 그러므로 경계를 포함하지 않은 영역에 대해서 정상 상태의 확산 현상을 나타내는 식은 다음과 같이 간략하게 쓸 수 있게 될 것이다.

$$\sum_j \int_{\partial \Omega_{ij}} \mathbf{F} \cdot da = 0 \tag{3.4.4}$$

이제 Ω_i가 경계를 포함하고 있는 경우들을 따져봐야 하는데, Ω_i가 가스/산화막 계면과 산화막/실리콘 계면을 동시에 가지지는 않는다고 생각하자. 이건 산화막 영역에 적절하게 점들을 배치하면 그다지 어렵지 않게 만족시킬 수 있는 조건이다.

먼저 가스/산화막 계면을 가지고 있는 경우에는 다음과 같이 쓸 수가 있을 것이다.

$$\sum_j \int_{\partial \Omega_{ij}} \mathrm{F} \cdot d\mathbf{a} + \int_{\partial \Omega'_i} \mathrm{F}_1 \cdot d\mathbf{a} = 0 \tag{3.4.5}$$

물론 이 식에서 등장하는 F_1의 의미는 식 (3.3.1)에서 다룬 가스 층에서 산화막 층으로 산화제가 주입되는 flux의 벡터꼴이다. 위의 식들에서 $d\mathbf{a}$의 방향은 제2장에서 이미 언급된 것과 같이 Ω_i의 내부에서 외부를 향하는 쪽으로 이해해야 한다. 이 경우에, 어느 물질이 Ω_i의 내부이고, 어느 물질이 외부인가? 산화막이 내부이고, 가스 층이 외부임이다. 그러므로 $d\mathbf{a}$의 방향은 산화막에서 가스 층을 향하고 있고, 반면 F_1은 산화제가 가스 층에서 산화막으로 주입되는 것이므로 방향이 반대일 것이다. 이렇게 생각해 보면, 식 (3.4.5)는 다음과 같이 쓸 수 있을 것이다.

$$\sum_j \int_{\partial \Omega_{ij}} \mathrm{F} \cdot d\mathbf{a} - F_1 A'_i = 0 \tag{3.4.6}$$

2.3절에서 이미 언급한 것처럼 A'_i는 $\partial \Omega'_i$의 면적을 나타내기 위해 쓰였다. 이 식 (3.4.6)은 가스/산화막 계면을 가지고 있는 Ω_i에 적용 가능하며, F_1은 식 (3.3.1)과 같이 나타낼 수 있는데, C_O 대신 그 점에서의 산화제 농도가 사용될 것이다.

이제 또 다른 경우로, 산화막/실리콘 계면을 가지고 있는 경우를 생각하자. 이 경우에 달라지는 것은 F_3와 $d\mathbf{a}$의 방향이 같다는 것뿐이므로, 해당하는 식은 식 (3.4.6)에서 조금만 달라진다.

$$\sum_j \int_{\partial \Omega_{ij}} \mathrm{F} \cdot d\mathbf{a} + F_3 A'_i = 0 \tag{3.4.7}$$

F_3은 식 (3.3.3)과 같이 나타낼 수 있으며, C_I 대신 그 점에서의 산화제 농도가 사용될 것이다.

지금까지는 3.6절의 2차원 확장까지를 염두에 두고 일반적인 형태로 식을 써보았다. 이제 0부터 x_O까지 펼쳐진 1차원 공간에 대해서 명시적으로 식을 써보도록 하자. 1차원 방향에 수직한 면의 면적은 나누어주었다고 생각하여 고려하지 않기로 하자. 이때, 문제를 간단하게 하기 위해 D가 상수라고 가정한다. 구간이 균일하게 나뉘었다고 가정하기 어려우므로, x_i와 같이 임의의 인덱스를 가지고 표시하도록 하자. 먼저 경계가 아닌 점에서는 식 (3.3.4)를 다음과 같이 쓸 수 있다.

$$-D\frac{C_{i+1} - C_i}{x_{i+1} - x_i} + D\frac{C_i - C_{i-1}}{x_i - x_{i-1}} = 0 \tag{3.4.8}$$

C_i는 x_i 지점에서의 산화제 농도에 해당하며, 이런 식들의 부호에 유의하자. 또한 좌표가 0인 x_0(0번째 점으로 x_O와 혼동하지 말자.)에 대해서는 식 (3.4.6)을 적용하여 다음과 같이 쓸 수 있다.

$$-D\frac{C_1 - C_0}{x_1 - x_0} - h\left(C^* - C_0\right) = 0 \tag{3.4.9}$$

마지막으로 좌표가 x_O인 x_{N-1}에 대해서 식 (3.4.7)을 적용한 결과는 다음과 같다.

$$D\frac{C_{N-1} - C_{N-2}}{x_{N-1} - x_{N-2}} + k_S C_{N-1} = 0 \tag{3.4.10}$$

이렇게 소개된 식 (3.4.8), 식 (3.4.9) 그리고 식 (3.4.10)으로부터 행렬 방정식을 구성하는 과정은 제2장에서 다룬 것과 유사하므로 다시 반복하여 다루지 않기로 한다. 다음의 실습을 통해서, 정상 상태에서의 flux를 구해 보자.

길이가 23 nm인 산화막을 고려하고, 이 산화막을 1 nm 간격의 점들로 나타내자. 다음의 파라미터들을 사용하자. C^*은 5×10^{16} cm^{-3}이고, D는 2.69×10^3 μm^2 hr^{-1}이다. 또한 k_S는 3.26×10^4 μm hr^{-1}이고, h는 10^6 cm sec^{-1}($= 3.6 \times 10^{13}$ μm hr^{-1})라고 하자. 이 h는 k_S보다 훨씬 큰 값이다. 이러한 경우에 대해서 식 (3.4.8), 식 (3.4.9), 그리고 식 (3.4.10)을 연립한 행렬 방정식을 만들고 풀어서, 산화제의 분포를 구해보자.

이 실습 3.4.1에서 나온 파라미터들을 가지고 Deal-Grove 모델의 A, B를 구해보도록 하자. 그림 3.4.2는 실습 3.4.1을 수행한 결과를 나타내고 있다. 3.3절에서 가정했던 것처럼 선형적인 산화제의 분포가 얻어진다. 가스/산화막 계면에서의 산화제 농도는 C^*로 얻어지는데, 이것은 h가 큰 값을 가지고 있기 때문이다. 그리고 23 nm에서의 농도는 약 3.91×10^{16} cm^{-3}이 얻어지며, 이것은 Deal-Grove 모델에서 예상하는 다음과 같은 C_S의 식과 일치한다.

$$C_S = \frac{C^*}{1 + \dfrac{k_S}{h} + k_S \dfrac{x_O}{D}} \tag{3.4.11}$$

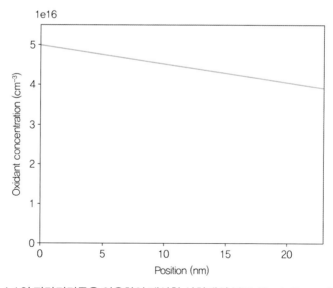

그림 3.4.2 실습 3.4.1의 파라미터들을 이용하여 계산한 산화제의 분포. Deal-Grove 모델과 동일한 결과를 주어야 한다.

지금까지 계산한 것은, 어떤 특정 두께의 산화막이 있을 때, 정상 상태를 가정한 flux를 구한 것이다. 이제 이로부터 flux를 구해보면, 약 1.27×10^9 μm^{-2} hr^{-1}가 된다. 건식 산화라고 생각하여 N_1을 2.3×10^{22} cm^{-3}로 생각하면, 산화막의 성장률은 약 55.2 nm hr^{-1}임을 알 수 있을 것이다.

여기까지만 계산을 한다면, 공정 시간에 대한 고려는 전혀 없을 것이다. 이제 공정 시간의 고려는 다음과 같이 진행할 수 있을 것이다. 초기에 23 nm의 두께를 가지고 있는 실습 3.4.1의 경우는, 초기의 성장률이 약 55.2 nm hr^{-1}임을 알 수 있으니, 이로부터 1분이 경과했다고 생각해 보는 것이다. 그럼 1분이 경과한 후에는 전체 산화막의 두께가 23 nm에 약 0.92 nm가 더해져서 약 23.92 nm가 될 것이다. 이 새로운 두께에서 다시 성장률을 계산해 보자. 이 실습과 이전의 실습 3.4.1의 차이점은 구조가 바뀌었다는 것인데, 일단은 임의적으로 점들을 배치해 보도록 하자.

실습 3.4.2

이 실습에서는 길이가 23.92 nm인 산화막을 고려하고, 이 산화막을 1 nm 간격의 점들로 나타내다가, 마지막 점만 0.92 nm 간격을 가지도록 하자. 즉, 점의 개수가 실습 3.4.1에 비해서 하나 더 늘어난 것이다. 파라미터들은 실습 3.4.1과 같은 것을 쓰면서, 산화제의 분포를 구해서 비교해 보자.

그림 3.4.3는 실습 3.4.2를 수행하여 얻은 산화제의 분포를 실습 3.4.1의 그것과 비교하고 있다. 두 결과는 거의 구별이 어렵지만, 점으로 표시된 결과는 23 nm에서 끝나고, 직선으로 표시된 다른 하나는 23.92 nm에서 끝이 난다. 이에 따라서 산화막/실리콘 계면에서의 값은 조금 더 작아지게 되고(약 3.88×10^{16} cm^{-3}), 이것은 산화율을 조금 더 낮게 만들 것이다.

이 상황은 산화 공정이 시작되고 1분이 경과한 시점이다. 여기서 다시 산화율을 새로 계산하고 1분이 더 지나서, 총 2분이 경과한 순간이 되면, 산화막의 두께를 다시 계산해서 다시 영역을 설정하자. 이런 방식으로 1분 간격으로 계속 계산해 나가면, 산화막의 두께를 시간에 따른 함수로 구해나갈 수 있을 것이다. 이러한 작업을 다음의 실습에서 해보자. 이제 구조가 매 순간마다 달라질 것이므로, 구현을 할 때에도 매번 새로운 구조를 생성해 주어야 할 것이다. 여기서는 기존의 구조를 무시하고, 새로운 두께가 결정되면 되도록 균일하게 나누는 방식을 제안하였지만, 구조에 점들을 배치하는 것은 독자의 편의에 따라 구현하여도 될 것이다.

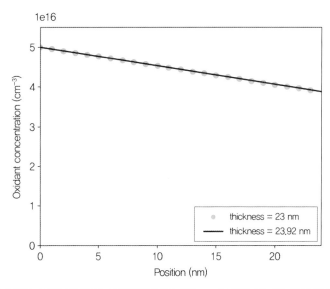

그림 3.4.3 실습 3.4.2를 수행하여 얻은 산화제의 분포. 23 nm 두께일 때보다 조금 더 낮은 C_I 값을 얻을 수 있다.

예를 들어 기존의 점들을 모두 유지한 상태에서 새로 생긴 점만 추가하는 방식도 가능하다.

실습 3.4.3 ────────────────────────────────

이 실습에서는 초기에 길이 **23 nm**로 이전과 같이 시뮬레이션을 시작한다. 정상 상태의 해를 구한 후, 이로부터 산화율을 구하고, 이 산화율을 바탕으로 1분을 성장시킨다. 그러면 산화막의 두께가 새로 구해질 텐데, 균일하게 **1 nm** 간격으로 나누다가, 남은 **1 nm**가 안 되는 간격은 마지막에 반영해 준다. 이런 방식으로 180번을 풀어서 3시간 동안의 산화막 두께의 변화를 구해 보자.

　이미 이전의 실습에서 필요한 작업들을 하였으므로, 실습 3.4.3에서 필요한 것은, 1분의 시간이 지난 후 달라지는 산화막의 두께에 따라서 다시 전체 구조를 변형하여 구하는 것이 필요할 뿐이다. 그림 3.4.4는 실습 3.4.3을 수행한 결과를 보이고 있다. 시간이 지남에 따라서 점차 산화율이 낮아지는 경향을 다시 한번 확인할 수 있다. 3시간 후의 두께는 약 132.6 nm 이다.

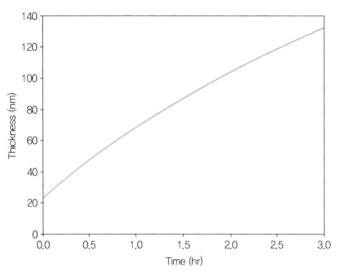

그림 3.4.4 시간에 따른 산화막 두께의 변화. 1분 간격으로 180번 풀어서 얻은 결과이다.

이렇게 해서, 정상 상태를 가정하고 flux를 구해서, 이 구한 flux로부터 산화율을 계산하고, 일정 시간을 경과시켜서 다시 구조를 생성하는 방식으로 Deal-Grove 모델의 결과를 수치해석을 통해 그대로 얻을 수 있음을 살펴보았다. 그런데, 제2장을 공부한 독자라면 이러한 시간 미분의 처리를 보면서 전에 본 것과 유사하다는 느낌을 받았을 것이다. 특정 시간에서 산화율을 구해서, 그로부터 1분 뒤를 예상하는 이러한 방식은, 현재의 미지수 값을 고정한 상태로 시간 미분을 구한 후, 이를 바탕으로 그 다음 순간의 미지수 값을 예측하는 방식인 forward Euler 방법과 기본 생각이 같다. Forward Euler 방법과 같은 경우는, 그림 2.4.4에서 살펴본 것과 같이, 시간 간격에 따라서 그 오차가 매우 커질 수 있을 것이다. 이런 점을 확인하기 위해서, 의도적으로 큰 시간 간격을 사용해서 좀 더 오랫동안 시뮬레이션해 보기로 하자.

실습 3.4.4

이 실습은 실습 3.4.3과 다른 것은 모두 동일하지만, 시간 간격을 1분 대신 10분으로 설정하는 것이 다르다. 10분 간격으로 18번을 풀어서 3시간 동안의 산화막 두께의 변화를 구해 보자.

그림 3.4.5에 결과가 나와 있는데, 이 경우에는 3시간 후의 두께가 약 134.1 nm로 주어진다. 1분 간격으로 계산하여 얻어진 두께가 약 132.6 nm임을 생각하면 시간 간격에 따라서 오차

가 생기고 있음을 알 수 있다. "10 배의 시간 간격에 의해서 불과 1.5 nm, 1 % 조금 넘는 두께 차이라면 괜찮은 것 아닌가?"라고 생각할 수도 있겠으나, 이것이 극도로 간단한 1차원 시뮬레이션임을 생각하자. 따라서 실제의 경우에는 시간 간격의 적절한 설정이 무척 중요할 것이라는 점을 이해할 수 있다. 참고로, 시간 간격을 10배 증가시킨 10분이 아니라 10배 줄인 6초로 설정할 경우에는, 3시간 후의 최종 두께가 약 132.5 nm로 주어진다. 즉, 1분 간격의 시뮬레이션이 보이는 오차는 0.1 % 수준임을 알 수 있다.

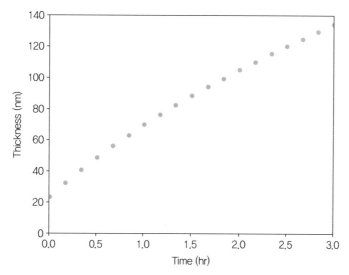

그림 3.4.5 시간에 따른 산화막 두께의 변화. 10분 간격으로 18번 풀어서 얻은 결과이다.

이번 절에서는 Deal-Grove 모델을 그대로 수치해석으로 옮기는 작업을 해보았다. 성공적인 실습 수행을 통해서 완전히 동일한 결과를 얻을 수 있을 것이다. 얻어진 결과가 Deal-Grove 모델과 완전히 동일함은 독자들이 직접 확인해 보기를 권한다.

3.5 1차원 부피 팽창

앞 절인 3.4절을 통해, 해석적인 해가 존재하는 Deal-Grove 모델과 같은 결과를 컴퓨터 프로그램을 통해서 얻을 수 있었다. 그런데, 여기서는 아주 중요한 한 가지 문제를 다루지 않았다. 바로 산화막/실리콘 계면의 위치의 이동이다. 실리콘이 SiO_2로 산화되면, 부피가 팽창되는데, 그러한 부피의 팽창이 실리콘 쪽에서 전부 일어난다고 생각한 것이다. 실제로는, 앞에서 논의한 바와 같이, 1차원 구조에서는 실리콘이 1만큼 산화되면, 산화막 쪽으로는 약 1.2만큼 두께가 증가하여, 전체 부피 증가율이 약 2.2가 된다. 그러므로 3.4절의 시뮬레이션 결과는 생성된 산화막의 두께는 Deal-Grove 모델에 따라 예측하더라도, 그 산화막의 위치는 실제보다 훨씬 더 실리콘 기판 쪽에 깊이 위치하는 것처럼 예상한다. 즉, 산화 공정에 의해서 부풀어 오르는 일을 포함하지 않는다. 그림 3.5.1이 이러한 상황을 도식적으로 나타내고 있다.

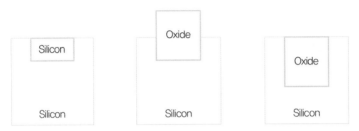

그림 3.5.1 3.4절에서 고려한 모델의 한계. 왼쪽 그림의 두꺼운 선으로 표시된 부분이 산화된다면, 산화막은 가운데 그림처럼 부풀어 오를 것이다. 그러나 3.4절에서 고려한 모델은 오른쪽 그림과 같이 원래의 기판면을 기준으로 위로 솟아오르지 않고 실리콘 기판을 소모하는 것으로 생각한다.

이러한 결과는, 추가로 생성된 산화막에 의해서 발생하는 구조의 변화를 다루지 않아서 생긴 것이다. 이번 절인 3.5절에서는 간단한 1차원 구조의 이점을 활용하여, 어떻게 산화막 쪽의 약 1.2만큼의 부피 팽창을 설명할 것인지를 다루도록 하자.

그림 3.5.2는 다시 한번 1차원 구조를 나타내고 있다. 그런데 이제는 산화막의 생성률은 이전과 같은 방법으로 이미 결정이 되었다고 하자. 그럼 생성되는 산화막 중에서 산화막/실리콘 계면을 움직이는 데 사용되는 것이 1이라고 하면, 나머지 1.2만큼은 기존의 계면을 통해서 산화막 쪽으로 주입될 것이다. 그러니, 이 문제는 현재의 두께가 존재할 때, 산화막/실리콘 계면에서 생성된 SiO_2가 주입될 때 산화막의 구조가 어떻게 바뀌는지 알아보는 문제가 된다.

이러한 문제에 대한 해결 방안을 제시한 논문을 찾아보면, 진대제 박사님의 1983년 논문 [3-3]까지 거슬러 올라갈 수 있다. 이 논문은 2차원 구조에서의 산화 공정 시뮬레이션을 다루고 있지만, 기본 아이디어는 1차원에서도 동일하다. 바로 추가된 산화막 만큼을 더 고려하여 이 산화막이 가지게 될 모양을 계산하는 것이다. 이때, 산화막이 가지는 모양을 결정하는 데 가스/산화막 계면과 같은 곳에서의 경계 조건이 큰 영향을 미칠 것이다. 이 절에서는 정확하게 이 모델을 사용하기보다는 그 기본 아이디어를 바탕으로 간단한 실습을 해보기로 하자.

먼저 그림 3.5.2에 나타난 구조를 생각하자. 어느 순간에 산화막은 x_{GO}라는 위치부터 x_{OS}라는 위치까지 존재한다고 생각한다. 이 위치들은 3.4절에서는 Deal-Grove 모델 문헌들을 따라서 0과 x_O라고 표기되던 것들인데, 가스/산화막, 산화막/실리콘이라는 계면의 명칭을 반영하여 새로 이름 붙였다. 이제 x_{GO}부터 x_{OS}라는 구간 사이에 대해서 정상 상태의 산화제 확산 방정식을 풀어주면 산화제가 실리콘 쪽으로 주입되는 flux인 F_3을 구할 수 있을 것이다. 이 작업 자체는 3.4절에서 수행한 실습을 단지 좌표만 바꾸어서 실행하는 것이므로 바로 가능할 것이다.

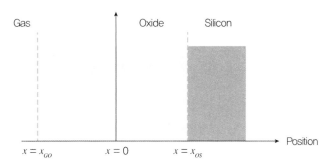

그림 3.5.2 산화 공정 동안 일어나는 부피 팽창을 고려하기 위해 가정한 구조. 산화막이 x_{GO}부터 x_{OS}까지 존재한다. 좌표가 0인 지점은 최초의 산화막과 실리콘의 계면 위치이다.

이렇게 F_3이 구해지면, 이로부터 실리콘이 수직 방향으로 소모되는 비율을 알 수 있을 것이다. 여기서 산화막이 생성되는 비율이 아니라 실리콘이 소모되는 비율이므로, 전과 같이 N_1만을 사용하면 안 된다. 건식 산화의 경우, 산화제 분자 하나가 SiO_2 한 개를 생성하기 때문에, 소모되는 실리콘의 부피는 5×10^{22} cm^{-3}의 역수가 되어야 할 것이다. 습식 산화의 경우에는, 산화제 분자 하나로는 SiO_2 0.5개를 생성하기 때문에, 소모되는 실리콘의 부피는 5×10^{22} cm^{-3}의 역수의 반이 될 것이다. 따라서 F_3를 이 부피로 나누어준 값이 단위 시간당 실리콘이 소모되는 비율이 된다. 한편, 전체 생성되는 산화막의 부피는 이미 다룬 것과 같이 $\dfrac{F_3}{N_1}$이다. 바로 앞에서 다룬 실리콘이 소모되는 시간 변화율을 $\dfrac{F_3}{N_1}$을 사용하여 나타내기 위해, α라는 숫자를 도입하여 $\alpha \dfrac{F_3}{N_1}$로 표시해 보자. 이 α는 실리콘의 단위 부피당 원자 수인 5×10^{22} cm^{-3}과 산화막의 단위 부피당 분자수 2.3×10^{22} cm^{-3}를 고려하면 0.46이 된다. 그럼 x_{OS}의 변화는 다음과 같을 것이다.

$$\frac{dx_{OS}}{dt} = \alpha \frac{F_3}{N_1} \tag{3.5.1}$$

이제 산화막 입장에서 생각해 보면, x_{OS}라는 위치에서 단위 면적당, 단위 시간당, $(1-\alpha)\dfrac{F_3}{N_1}$ 만큼 산화막이 생성되는 것이다. 여기서부터가 중요한 지점인데, 이렇게 추가적으로 생성된 산화막의 밀도가 원래의 값보다 더 높아지지 않는다면(즉 압축되지 않는다면), 고정되어 있는 실리콘 쪽이 아닌 가스 층 쪽으로 팽창될 것이며, 이는 x_{GO}의 변화를 불러일으킬 것이다.

$$\frac{dx_{GO}}{dt} = (1-\alpha)\frac{F_3}{N_1} \tag{3.5.2}$$

이 관계는 너무 당연해 보여서, 3.4절에서 실습으로 다룬 내용과 크게 달라보이지 않는다. 그러나 둘 사이에는 중요한 차이가 있다. 비록 식 (3.5.2)는 간단하더라도, x_{GO}의 변화를 비압축성(산화막의 성질)과 1차원 구조(구조적인 특성), 산화막/실리콘 계면에서의 경계 조건 ($(1-\alpha)\dfrac{F_3}{N_1}$) 등을 고려하여 구한 것이다. 나중에 고려하는 산화막의 성질이나 산화 공정을 적용하는 구조가 변화게 되면, 식 (3.5.2)보다 좀 더 복잡한 형태의 식이 얻어지게 될 것이다.

그럼 이렇게 간단한 모델을 구현해 보도록 하자. 3.4절에서는 오직 산화막 영역만 고려하였으나, 일반적인 경우에서는 그렇게 할 수가 없을 것이다. 그래서 이번에는 가스 층, 산화막 층, 실리콘 층을 모두 포함하는 전체 구조를 도입한 후, 이들 사이의 경계를 시간에 따라서 바꾸어 가는 방식으로 생각해 보도록 하자. 산화막 층에 대해서는 전과 같이 정상 상태에서의 확산 방정식을 사용하면 될 것이며, 가스 층이나 실리콘 층에서는 단순히 산화제의 농도를 0으로 놓도록 하자. 물론 실제로는 가스 층에서는 산화제의 농도가 높겠지만, 여기서는 이 부분은 고려하지 않는다.

길이가 23 nm인 산화막이 좌표 −23 nm부터 0까지 존재한다고 하자. 그리고 이 산화막의 왼쪽과 오른쪽에 충분히 긴 가스 층과 실리콘 층이 존재한다고 하자. 모두 1 nm 간격으로 초기에 나누어준다. 3.4절에서 사용했었던 파라미터들을 그대로 사용하자. 즉, C^*은 5× 10^{16} cm^{-3}이고, D는 $2.69×10^3$ μm^2 hr^{-1}이고, k_S는 $3.26×10^4$ μm hr^{-1}이고, h는 10^6 cm sec^{-1}이다. 이러한 산화 공정 시뮬레이션을 시간 간격을 1분으로 설정하여 3시간 동안 수행해 보자. 결과로 얻어진 x_{GO}와 x_{OS}를 시간의 함수로 그려보자.

이 실습을 수행할 때, 식 (3.5.1)과 식 (3.5.2)로부터 예상되는 다음 1분 후의 x_{GO}와 x_{OS}의 위치는 1 nm에 딱 맞지 않을 것이다. 이 경우에는 그 지점에 정확히 나타내기 위한 점들을 기존의 1 nm 간격인 점들 사이에 추가하도록 하자. 그러므로 시간에 따라서 점들의 위치가 조금씩 바뀔 것이며, 이들을 매 시간마다 새로 고려해 주어야 할 것이다. 원래 이 작업은 다차원 구조에서는 매우 복잡한 일이 되겠지만, 지금은 1차원 구조를 고려하고 있으므로 아무 어려움 없이 그냥 수행해 보도록 하자. 그림 3.5.3은 실습 3.5.1을 수행한 결과를 나타내고 있다. 실습 결과가 뜻하는 물리적인 내용은 3.4절의 실습과 같을 것이며, 여기서는 매 순간마다 새로 구조를 나눌 수 있는 기능의 구현에 집중해 보자.

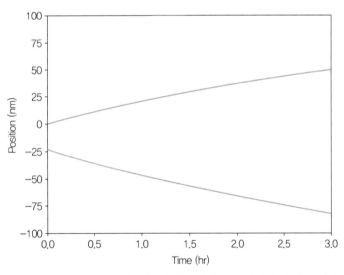

그림 3.5.3 실습 3.5.1을 수행한 결과. 양의 값을 가지는 것이 x_{OS}이며 음의 값을 가지는 것이 x_{GO}이다.

식 (3.5.2)는 매우 단순한데, 이를 어떻게 하면 더 일반화할 수 있을지 간단히 논의해 보자. 시간이 Δt만큼 경과하면, $\alpha \frac{F_3}{N_1} \Delta t$만큼의 실리콘 층이 소모될 것이다. 그런데, 산화막의 구조가 바뀌지 않고 x_{GO}가 유지가 되어서, 소모된 실리콘 층에 $\frac{F_3}{N_1} \Delta t$만큼의 산화막이 생성되었다고 생각하자. 그럼 이 짧은 구간들을 용수철로 생각하여 산화막을 용수철들의 연결이라고 생각해 보자. 기존에 있던 산화막 부분은 용수철이 자연 길이를 유지하고 있는 상태로 생각할 수 있고, 오직 새로 생성된 부분만 자연 길이가 $\frac{F_3}{N_1} \Delta t$인 용수철이 $\alpha \frac{F_3}{N_1} \Delta t$의 길이로 압축되어 있는 상황으로 볼 수 있을 것이다. 그리고 오른쪽 끝은 단단한 실리콘 격자와 연결이 되어 있어서 위치가 고정되어 있고, 반면, 왼쪽 끝은 가스 층과의 경계이므로 힘을 받지 않는다고 본다. 한 마디로, 여러 개의 용수철이 한 줄로 연결되어 있는데, 그중에서 가장 오른쪽에 있는 용수철만 압축되어 있고 벽에 고정되어 있는 것이다. 물론 이 상황은 용수철들의 탄성력이 같지 않으므로 해소가 되어야 하며, 왼쪽 끝이 자유롭게 움직일 수 있으므로, 압축되어 있는 가장 오른쪽 용수철이 자연 길이로 돌아가서 용수철 연결의 왼쪽 끝의 위치가 바뀌는 걸로 볼 수 있을 것이다. 즉, 산화막의 구조 변형 문제는 탄성체에 대한 식을 고려하여 풀 수 있음을 짐작할 수 있다. 탄성체에 대한 역학적 시뮬레이션을 수행하는 것이 이 책의 범위를 벗어난다고 판단되므로, 일단은 2차원으로의 Deal-Grove 모델 확장을 다루어 보자.

3.6 Deal-Grove 모델의 2차원 확장

앞 절을 통해서 Deal-Grove 모델의 수치해석적인 구현에 성공하였는데, 이로부터 산화 공정 시뮬레이션과 관련된 가장 중요한 특징을 파악하게 되었다. 바로 시간에 따라서 구조가 바뀐다는 점이다. 3.4절에서는 그냥 계면의 위치를 실리콘 쪽으로 파고들게 만들어서 다루었지만, 3.5절에서는 $x = 0$라고 설정했던 위치보다 작은 음의 좌표 쪽으로 가스/산화막 계면을 이동하게 만들었다.

이제 2차원 구조로 확장을 생각하는데, 부피 팽창을 고려하게 되면 문제가 매우 복잡해진다. 그래서 일단 이번 절에서는 부피 팽창을 고려하지 않고, 지난 3.4절과 마찬가지로 산화막이 실리콘 쪽으로 아래쪽으로 파고든다고 생각하고 실습을 진행한다. 이미 3.4절에서 식을 다차원 구조에도 적용 가능하도록 전개하였기 때문에, 다시 식들을 소개할 필요는 없을 것이다. 부피 팽창을 고려한 구조의 변형은 다음 절인 3.7절에서 고려하기로 하자.

일단 20 nm의 균일한 두께를 가진 산화막 구조를 생성해 보자. 폭은 0.3 μm로 설정하자. 제2장에서 다루었던 내용들을 활용하여, 넓은 직사각형 모양의 구조를 생성해 보자.

실습 3.6.1

두께가 20 nm이고 폭이 0.3 μm인 직사각형 구조를 나타내는 vertex file과 region file을 직접 작성해 보고, 생성된 삼각형들을 2차원 평면 위에 그려보자.

그림 3.6.1은 실습 3.6.1을 수행해 본 결과를 보이고 있다. 삼각형들을 명확하게 보이기 위해서, 의도적으로 매우 큰 삼각형들(각 방향의 변의 길이가 10 nm인 직각삼각형들)을 도입하였다. 독자가 직접 이 실습을 진행할 때에는 촘촘히 나눠진 좀 더 적합한 mesh를 도입하기를 권한다.

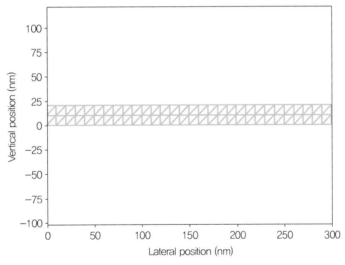

그림 3.6.1 실습 3.6.1을 수행해 본 결과. 이 그림에서는 의도적으로 매우 듬성듬성하게 10 nm 간격으로 구조를 분할하였다. 실제 실습 진행에서는 이보다 더 촘촘히 나눠진 구조를 생성해 보기를 권한다.

이 구조에서, 크게 세 개의 경계면들을 생각해 볼 수 있다. 윗면, 아랫면 그리고 옆면이다.

윗면은 가스층과 맞닿은 부분일 것이므로, 산화제가 산화막 앞으로 들어오는 현상을 나타내게 된다. 이 윗면의 형상은 바뀌지 않는다고 생각하고, 이 윗면을 두 가지로 나누어서 고려할 것이다. 하나는 산화제가 들어오지도 나가지도 않는 면이다. 그림 3.6.1에서는 수평 방향의 좌표가 0부터 0.2 μm까지 이런 조건에 해당한다고 하자. 실제 공정에서는 질화막(Nitride)으로 초기 산화막을 덮어서 이러한 조건을 실현할 것이다. 윗면 중에서 이렇게 질화막으로 덮여있는 부분을 제외하고는 산화제가 주입된다고 가정하여 식 (3.4.6)을 사용하도록 하자. 이로부터 가스층으로부터 산화막 쪽으로 이동하는 산화제의 flux를 Deal-Grove 모델과 같이 구하는 것이 가능할 것이다.

두 번째 면은 아랫면이다. 아랫면은 산화막/실리콘 계면으로 생각하고, 여기서의 산화제 농도로부터 계면의 이동 속도를 계산한다. 식 (3.4.7)을 사용할 수 있을 것이다. 한 시점이 끝나고 나면 새로운 아랫면의 모양을 결정한다. 시간이 오래 경과하면 그 모양이 매우 복잡하게 바뀔 것인데, 이런 형상의 변화를 잘 다루는 일은 간단한 일이 아니다. 따라서 이 절에서는 구조의 상당한 변형이 일어나기 전 짧은 시간 동안만 시뮬레이션을 진행하는 것으로 하고, 이러한 문제를 회피하도록 하자.

세 번째 면은 옆면이다. 이 옆면에 수직한 방향으로는 물리량들이 균일하게 분포되어 있다고 생각하여 별도의 flux를 도입하지 않는다. 따라서 시뮬레이션 영역을 생각할 때, 옆면에 해당하는 면들은 시뮬레이션에서 관찰하고자 하는 공간적인 변화에서부터 벗어난, 충분히 먼 지점에 생성하여야 한다. 현재의 0.3 μm라는 폭은 시각화를 위해서 상당히 짧게 설정한 값이므로, 자유롭게 더 큰 값을 사용해 보도록 하자.

초기 시간에서의 산화제의 분포를 먼저 구해보도록 하자. 이를 위해 실습 3.6.2를 준비해 보았다. 사용되는 파라미터들이 이전과는 달라졌다. 이 값들은 참고문헌 [3-3]의 습식 산화 예제로부터 추출하였다.

그림 3.6.2는 실습 3.6.2를 수행한 결과를 나타내고 있다. 산화제의 농도는 모든 점들에 대해서 계산이 되지만, 산화막/실리콘 계면에서의 결과만을 그려 보았다. 이 중에서 산화제가 주입되는 위치인 수평 방향 좌표가 0.2 μm 이상인 지점에서는 산화제의 농도가 높고, 그렇지 않은 부분인 수평 방향 좌표 0.2 μm 이하에서는 산화제의 농도가 낮다. 당연히 생각할 수 있는 결과인데, 중요한 점은 수평 방향 좌표가 0.2 μm 이하에서 산화제의 농도가 급격하게 낮아지지 않고 어느 정도의 거리를 두고 낮아진다는 점이다. 즉, 질화막에 의해서 덮여있는 부분이라도 부분적으로 산화가 일어난다는 점을 확인할 수 있다. 그래서 두꺼운 산화막을

특정 영역에만 성장하고 싶더라도 인접 부분에서도 산화막이 생성되는 일이 생기게 된다.

실습 3.6.2

윗면에서 수평 방향의 좌표가 0부터 0.2 μm까지는 homogeneous Neumann 경계 조건을 사용하고, 0.2 μm부터는 산화제가 주입된다고 하자. 다음과 같은 파라미터들을 사용하도록 하자. C^*은 3×10^{19} cm^{-3}이고, D는 2.78×10^2 μm^2 hr^{-1}이다. 또한 k_S는 1.64×10^3 μm hr^{-1}이고, h는 10^6 cm sec^{-1}이라고 하자. 초기 시간에서 산화막이 정확히 판 모양으로 생겼을 때, 정상 상태 확산 방정식을 풀어서 산화막/실리콘 계면(아랫면)에서의 산화제의 농도를 구해 보자.

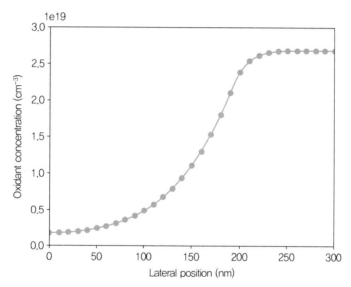

그림 3.6.2 실습 3.6.2의 결과. 산화막/실리콘 계면에서 산화제의 농도를 수평 방향 위치에 대해서 그려 보았다. 산화제가 주입되는 위치에서는 산화제의 농도가 높고, 그렇지 않은 부분에서는 낮은 것을 확인할 수 있다.

한 가지 주의해야 할 것은 왼쪽 면인 수평 방향 좌표 0인 점에서의 산화제 농도이다. 그림 3.6.2의 결과를 보면, 이 지점 근처에서 0이 아닌 일정한 산화제 농도(약 1.75×10^{18} cm^{-3})가 얻어지며 그래프의 기울기가 0에 가깝게 얻어지는데, 이것은 구조를 좁게 설정했기 때문이다. 앞서 논의한 바와 같이, 옆면에 수직한 방향으로는 물리량들이 균일하게 분포되어 있다고 생각하여 별도의 flux를 도입하지 않고, 이러한 이유로 그래프의 기울기가 0이 된다. 이러한 결과가 맞는지 확인하기 위해, 그림 3.6.3에는 폭을 200 nm 더 넓혀서 시뮬레이션한 결과를 보이고 있다. 산화제가 주입되는 영역의 너비는 유지하고, 오직 왼쪽 경계만 더 넓힌 구조이다. 따라서 그림 3.6.3에서 수평 방향 좌표 0.2 μm가 그림 3.6.2의 수평 방향 좌표 0에 해당한다. 계산된 산화제 농도는 약 8.78×10^{17} cm^{-3}으로 그림 3.6.2의 결과와 차이를 나타내고 있으며, 그 이유는 경계에서의 기울기이다. 또한 수평 방향 좌표 0에서의 산화제 농도는 약 6.04×10^{16} cm^{-3}으로 그림 3.6.2보다 훨씬 줄어들었다. 이러한 비교로부터, 정확한 결과를 위해서 충분한 시뮬레이션 영역을 확보하는 것이 중요함을 한 번 확인할 수 있다. 그러나 이 책에서는 시각화를 위해서 0.3 μm라는 좁은 폭을 가진 구조를 계속 고려하려 한다.

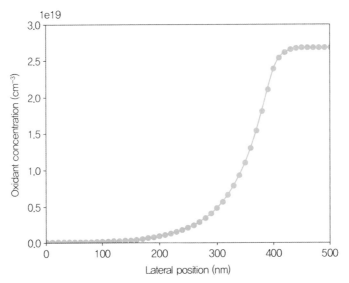

그림 3.6.3 시뮬레이션 구조의 크기에 의한 영향. 그림 3.6.1의 300 nm 너비를 가진 구조 대신, 500 nm 너비를 가진 구조를 고려하였다. 이 경우에는 산화제의 주입은 수평 방향 좌표가 0.4 μm 이상인 지점에서만 일어난다. 이 경우에는 수평 방향 좌표가 0인 지점에서 산화제 농도가 더 낮아짐을 확인할 수 있다.

산화제 농도가 구해졌으므로, 이로부터 산화율을 구하는 것은 전과 동일하게 진행할 수 있다. 이번 실습에서는 습식 산화를 고려하고 있으므로, N_1이 4.6×10^{22} cm^{-3}으로 설정되어야 할 것이다. 3.5절에서 다룬 것처럼, 실리콘이 소모되는 길이와 산화막이 생성되는 두께는 같지 않지만, 이번 절에서는 이 둘을 같게 놓고, 아랫방향으로의 산화막의 두께 변화를 고려해 보자. 이러한 한계는 다음 절인 3.7절에서 넘어보기로 하자.

초기 시점에서는 산화막/실리콘 계면이 수평 방향으로 누워있는 직선이므로, 계면에 수직한 방향이 구조의 수직 방향과 일치한다. 그래서 각 점에서의 산화율을 구한 다음, 시간 간격을 곱해주어서 수직 방향으로 거리를 계산하면 새로운 산화막/실리콘 계면의 위치가 될 것이다. 실습 3.6.3을 통해 새로운 구조를 생성해 보자.

실습 3.6.3

실습 3.6.2를 통해 얻어진 산화막/실리콘 계면의 산화제 농도로부터 산화율을 계산하자. 계산된 산화율로 1분 동안 산화막이 자라났다고 생각하여서 산화막/실리콘 계면의 위치를 이동시킨 후, 이렇게 생성된 구조를 그려보자.

그림 3.6.4는 실습 3.6.3을 수행한 결과를 보이고 있다. 예상했던 것과 같이, 산화제의 농도가 높은 부분인 수평 방향 좌표 0.2 μm 이상에서 산화막이 두껍게 생성되고, 이 영역에서 벗어나는 부분에서는 두께가 얇아지는 것을 볼 수 있다. 이러한 내용은 이미 1차원 구조를 통해서 충분히 고려되었는데, 새로운 것은 2차원 구조에 적용하였다는 점이다. 이에 따라서 2차원 구조를 잘 분할하는 것이 필요한데, 그림 3.6.4에서는 기존의 점들을 대부분 그대로 두고 산화막/실리콘 계면의 위치만 이동시켰다. 이에 따라서 계면에 맞닿아 있는 삼각형들의 모양도 바뀌게 된다. 모양이 바뀐 이 삼각형들의 모양이 만족스러운지 판단하고 그렇지 않

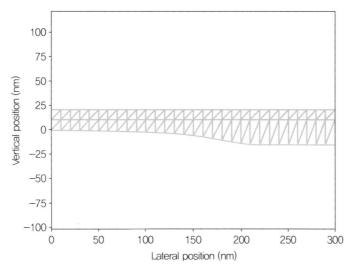

그림 3.6.4 실습 3.6.3의 결과. 1분 동안 산화 공정을 진행한 결과를 보이고 있다. 실제로는 산화막이 실리콘 쪽으로만 성장하지는 않을 것이며, 가스 층 쪽으로도 부풀어 오를 것이지만, 여기서는 모두 실리콘 쪽으로만 파고든다고 가정하였다.

다면 더 잘게 분할하는 작업이 필요하다. 그러나 지금은 이 작업을 하지 않고 그냥 그대로 진행해 보자.

이제 변경된 구조에 대해서 다시 정상 상태 확산방정식을 풀어서 산화제의 농도를 구해보도록 하자. 초기 구조에 비해서 산화제가 주입되는 영역에서는 산화막의 두께가 두꺼워졌으므로, 산화제의 농도가 줄어들 것이라 예상할 수 있다.

실습 3.6.4

실습 3.6.3을 통해 새로 생성된 구조에 대해서 다시 한번 정상 상태 확산방정식을 풀어서 산화제의 농도를 구해보자. 산화막/실리콘 계면을 따라서 수평 방향 좌표의 함수로 산화제 농도를 그리고, 이것을 초기 상태와 비교해 보자.

그림 3.6.5는 실습 3.6.4를 수행한 결과를 보이고 있다. 예상과 같이 산화제가 주입되는 영역에서 두께 증가에 따라서 산화막/실리콘 계면에서의 산화제 농도가 감소하는 것을 확인할 수 있다.

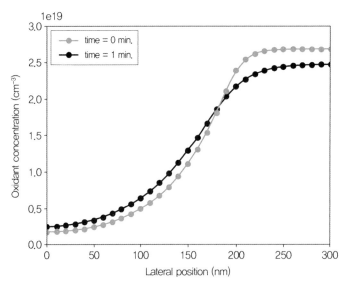

그림 3.6.5 실습 3.6.4의 결과. 비록 산화막/실리콘 계면은 이제 더 이상 직선이 아니지만, 수평 방향 좌표의 함수로 그려 보았다. 두꺼워진 산화막의 영향으로 200 nm 이상의 위치에서 산화제 농도가 초기보다 감소한 것을 확인할 수 있다.

전과 같은 방식으로 새로 계산된 산화제 농도로부터 계면의 이동 속력을 다시 계산할 수 있는데, 한 가지 조심해야 할 사항이 있다. 계산되는 값은 계면에 수직한 방향으로의 속력이기 때문에 점들을 이동시킬 때 더 이상 수직 방향으로 움직이지 않는다는 점이다. 계면에 속한 점들은 (최대) 두 개의 삼각형에 속해 있게 되는데, 이 두 개의 삼각형들의 계면 방향이 꼭 일치하지 않을 수 있다. 그림 3.6.4를 보면 특히 150 nm에서 200 nm 근처에서 이러한 점들을 확인할 수 있다. 따라서 두 개의 삼각형들이 가지고 있는 계면 방향으로부터 적절한 평균값(길이를 바탕으로 가중치를 부여)을 구하여 점의 이동 방향을 결정하도록 하자.

실습 3.6.5

실습 3.6.4를 통해 구한 계면에서의 산화제의 농도를 가지고 다시 한번 1분 후의 구조를 예측해 보자. 이때, 계면에 속한 점들이 계면의 수직 방향으로 이동하도록 유의하자.

그림 3.6.6은 실습 3.6.5를 수행한 결과를 나타내고 있다. 계면의 방향이 아래쪽 방향과 왼쪽 방향 사이의 어딘가를 나타내고 있기 때문에, 삼각형들 중 일부는 둔각삼각형이 된다. 따라서 둔각삼각형에 대한 올바른 처리를 하지 않는 이상, 이대로 더 진행하기는 어려우며, 적합한 분할이 필요할 것이다. 즉, 지금까지 최대한 기존의 영역 분할을 그대로 사용해 보려고

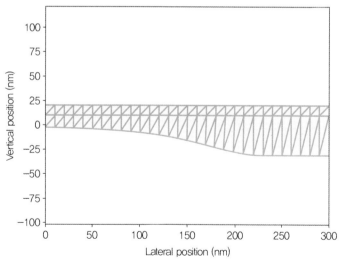

그림 3.6.6 실습 3.6.5의 결과. 초기 시간으로부터 2분이 경과한 후의 구조를 나타내고 있다. 둔각삼각형들이 생성됨을 확인할 수 있다. 예를 들어, 좌표가 (170 nm, 10 nm)와 (180 nm, 10 nm)인 점들을 꼭짓점으로 하는 아래로 뾰족한 삼각형에서 이러한 둔각을 두드러지게 볼 수 있다.

노력하였지만, 결국 어느 시점에서는 다시 mesh를 생성하는 것이 피할 수 없는 일이 된다.

이 책에서는 되도록 많은 부분을 독자가 직접 구현할 수 있도록 실습을 제시하고 있다. 행렬 방정식을 풀어주는 matrix solver가 예외적인 경우이며, 이것은 어떠한 matrix solver를 사용하더라도 올바르게 계산이 된다면 결과는 동일하기 때문이다. 그러나 mesh generator는 어떤 프로그램을 어떤 옵션과 함께 사용하느냐에 따라서 그 결과가 크게 달라지며, 유일한 정답이 존재하는 것도 아니다. 이러한 측면에서, 특정한 mesh generator를 사용한 결과를 독자에게 제시하는 것은 동일한 mesh generator를 동일한 옵션으로 실행하지 않는 이상 재현성(Reproducibility)을 가지지 못할 것이다. 이러한 상황은 독자들이 하나하나 실습 결과를 맞춰나갈 수 있도록 정보를 제공하려고 하는 이 책의 기본 생각과 맞지 않는다고 판단했다.

이러한 고민 끝에, 이 책에서는 매우 간단한 알고리즘을 교육용 목적으로 제안하여 mesh 생성 문제를 해결해 보기로 한다. 다만, 이 책에서 제안하는 방법은 오로지 둔각삼각형을 생성하지 않기 위한 mesh 생성 알고리즘이므로 최적의 mesh를 생성하지는 않을 것이다. 좀 더 실용적인 코드를 작성한다면 전문가들이 작성한 mesh generator를 사용하여 더 좋은 mesh를 생성할 수 있을 것이다.

앞서 제2장에서 structured mesh의 비효율성에 대해서 논의를 하였는데, 여기서는 대부분의 경우에는 structured mesh와 비슷하며, 오직 경계 부분에서만 경계의 모양을 따르는 mesh를 생성해 보자. 구조는 왼쪽과 오른쪽의 옆면들의 위치는 결정되어 있다고 생각한다. 예를 들어, 현재의 실습에서는 수평 방향 좌표 0 nm와 300 nm인 수직선이 옆면들을 구성할 것이다. 오직 윗면과 아랫면이 곡선으로 주어져 있다고 생각하자. 그리고 하나의 수평 방향 좌표에서는 윗면과 아랫면이 하나의 값만을 가진다고 생각하자. 이 상황에서 일정한 간격으로 각 방향을 나누어서 생성되는 사각형들을 생각해 보자. 어떤 사각형이 영역에 온전히 포함되어 있으면, 점들을 추가하지 않는다. 이 사각형은 격자점들만 가지고 잘 표현할 수 있다. 이 사각형을 대각선을 따라서 반으로 나누면 직각삼각형 두 개가 생성될 것이다. 그러니 이런 경우는 매우 간단하다.

반면, 영역의 경계가 이 사각형의 변을 지나갈 경우에는 조금 더 복잡하다. 이 경우에는 수직방향 변들과 곡선이 만나는 점들을 추가하자. 그림 3.6.7에서의 속이 빈 원들이 이런 점들을 나타내고 있다. 반면 속이 채워진 원들은 격자점에 해당하는 점들이다. 그림 3.6.7처럼 사다리꼴이나 오각형이 생성될 수 있다. 왼쪽에 보이는 사다리꼴의 경우에는 평행으로 마주 보는 두 변들 중에서 더 짧은 쪽을 직각삼각형(그림의 A 삼각형)의 변으로 사용하여 분할해 줄 수 있다. 두 변의 길이가 완전히 똑같다면 어느 대각선이나 선택해도 된다. 그럼 다른 하나의 삼각형(그림의 B 삼각형)은 둔각삼각형이 아님을 쉽게 이해할 수 있다.

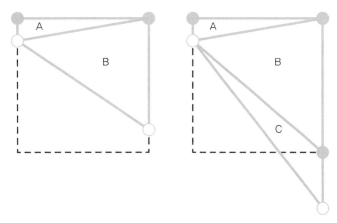

그림 3.6.7 영역의 경계가 격자점들로 이루어진 사각형을 지나가는 경우들. 이 경우에도 적절한 분할을 통해서 직각삼각형과 예각삼각형으로 분할할 수 있다.

그림 3.6.7의 오른쪽과 같이 영역의 경계가 하나의 사각형을 넘어 그림에는 나오지 않은 아래에 위치한 다른 사각형까지 이어지는 경우도 생각해 볼 수 있다. 이런 경우에도 일단 같은 방법으로 나누어서, 직각삼각형인 A 삼각형과 예각삼각형인 B 삼각형을 만들 수 있을 것이다. 그러나 C 삼각형은 둔각삼각형이므로, 다시 둔각을 가지고 있는 꼭짓점으로부터 수선의 내려 그어서 두 개의 직각삼각형으로 분할할 수 있을 것이다. 물론 C 삼각형이 위아래로 더 길쭉하여서 바로 이웃한 아래 삼각형이 아니라 더 멀리 있는 경우에도, 이 알고리즘을 반복적으로 적용해 줄 수 있다. 지금까지 설명한 방식을 아래의 실습을 통해 구현해 보자.

실습 3.6.6

실습 3.6.5를 통해 구한 그림 3.6.6에 나타난 새로운 구조를 위에서 소개한 방식에 따라 새로 분할해 본다. 각 방향을 10 nm 간격으로 나누어 생성되는 사각형들을 생각한 후, 이 사각형들의 변들이 영역의 경계와 만나는 경우들을 판단하여 좌표를 추가한다. 영역의 경계는 기존에 존재하는 경계가 격자점들로 구성된 사각형들과 만나는 점들을 통해서 표현하자. 즉, 새로운 mesh에서의 경계는 이전 mesh의 경계에서 약간 달라지는 것을 허용한다.

그림 3.6.8은 실습 3.6.6을 수행하여 생성된 mesh를 보이고 있다. 대부분의 경우에는 structured mesh와 비슷한 직각삼각형들이 보이며, 오직 경계 부분에서만 그 모양이 달라진다. 여기 소개한 방식을 따르면, 대부분 삼각형들은 직각삼각형일 것이며, 그렇지 않은 경우라도 예각삼각형이라서 둔각삼각형을 피할 수 있다. 따라서 제2장에서 다룬 삼각형의 외심을 활용한 $\int_{\Omega_i} d^3r$와 A_{ij}의 계산법을 그대로 적용할 수 있을 것이다.

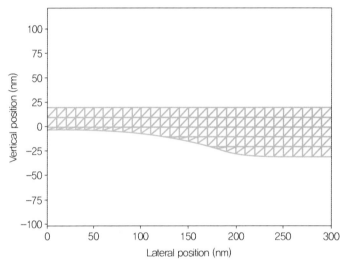

그림 3.6.8 실습 3.6.6의 결과. Structured mesh와 같이 점들을 배정한 후, 경계가 지나는 점들만 추가하여, 복잡한 구조를 잘 나누어줄 수 있다. 생성되는 모든 삼각형들은 직각삼각형이거나 예각삼각형이다.

그렇지만, 이 방식으로 구해지는 mesh가 그다지 좋지 않을 수도 있음은 늘 염두에 두어야 한다. 그림 3.6.9는 그림 3.6.8의 수평 방향 좌표 150 nm부터 200 nm 부근에서 확대해서 그린 것인데, 경계에서 생성된 삼각형들이 비록 직각삼각형들이지만 매우 길쭉한 형태를 가지고 있음을 확인할 수 있다. 즉, 이 삼각형들의 각들은 큰 값이 90도를 넘지는 않지만, 작은 값은 0도에 매우 가까울 수도 있는 것이다. 따라서 이 책에서 제안한 알고리즘의 한계를 이해하고, 이후의 실습을 진행하자.

이제 mesh 생성 문제는 앞서 다룬 방식을 통해 해결하였으므로 다시 시간에 따른 변화를 살펴보자. 지금까지는 2분까지의 시간 변화를 살펴보았는데, 좀 더 긴 시간 동안 산화 공정을 진행하자. 내용은 전과 같다. 초기 시점에서 정상 상태 확산방정식을 풀어서 산화막/실리콘 계면을 이동시킨다. 이후에 다시 mesh를 생성하여 둔각삼각형들을 제거한다. 이 과정을

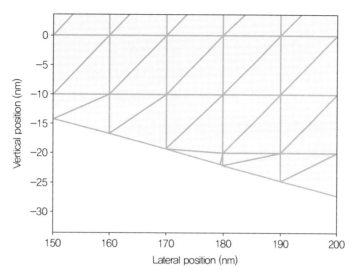

그림 3.6.9 그림 3.6.8의 확대도. 어떤 삼각형도 둔각삼각형은 아니지만, 길쭉한 형태의 작은 각도를 가진 삼각형들이 생성될 수 있다.

계속하여 반복한다. 이와 관련된 내용이 실습 3.6.7에 나타나 있다.

실습 3.6.7

지금까지 생각한 구조(폭이 300 nm이며 오른쪽 100 nm만을 통해서 산화제가 주입됨)와 파라미터를 사용하여, 1분 간격으로 시뮬레이션을 진행하여 3시간에 해당하는 시뮬레이션을 수행하고 가장 두꺼운 위치에서의 산화막의 두께를 구해보자.

그림 3.6.10은 실습 3.6.7을 수행하고 나서 얻어지는 3시간 경과 후의 구조를 나타내고 있다. 가장 오른쪽 면에서의 산화막의 두께(가장 큰 값)는 약 800 nm임을 알 수 있다. 그러나 그림 3.6.10은 잘못된 결과임을 바로 이해할 수 있다. 그림 3.6.2와 그림 3.6.3의 비교를 통해서, 왼쪽 면은 산화제 주입 영역에서부터 충분히 멀리 떨어져 있어야 한다는 것을 알게 되었다. 실습 3.6.7에서는 오직 300 nm의 폭을 사용하고 있기 때문에, 수평 방향 위치와 관계없이 거의 같은 산화막의 두께가 얻어진다. 즉, 주입된 산화제가 옆으로는 퍼지지 못하고 모두 깊이 방향으로만 움직이는 상황이다.

시뮬레이션 영역의 설정에 따른 변화를 살펴보기 위해, 폭을 1 μm로 증가시키고 동일한 시뮬레이션을 수행한 결과가 그림 3.6.11에 나와 있다. 여전히 산화제는 오른쪽 끝의 100 nm

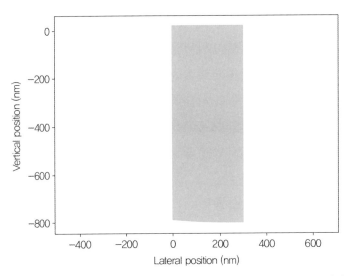

그림 3.6.10 실습 3.6.7의 결과. 3시간 동안 산화 공정을 진행하고 난 이후의 구조를 나타내고 있다. 하나하나의 삼각형들은 너무 작아서 여기서는 구별이 어렵다. 수평 방향 위치에 따른 두께의 변화가 별로 없는데, 이것은 시뮬레이션 영역을 좁게 설정하여 생긴 잘못된 결과이다.

구간에서만 주입되고 있다. 즉, 올바르게 시뮬레이션 영역이 설정되어 있다면, 그림 3.6.11의 가장 오른쪽 300 nm만큼이 그림 3.6.10이 되어야 할 것이지만, 이 두 개의 그림들을 명백히 다르다. 산화제는 수직 방향으로만 움직이는 것이 아니라 수평 방향으로도 이동할 수 있어서, 3시간이 경과하고 나서의 가장 두꺼운 부분은 약 650 nm가 된다. 이 값은 이전의 약 800

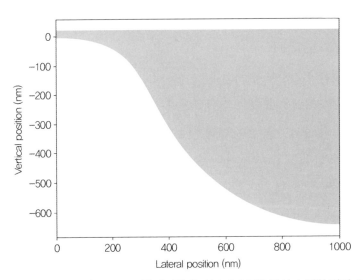

그림 3.6.11 구조의 수평 방향 폭을 1 μm로 증가시킨 후 실습 3.6.7을 다시 수행한 결과. 역시 3시간 동안 산화 공정을 진행하고 난 이후의 구조를 나타내고 있다.

nm보다 줄어든 값인데, 대신 옆으로 더 많이 성장이 일어나는 것을 확인할 수 있다. 대략 산화막의 두께만큼 (약 650 nm) 옆으로도 불룩하게 성장이 일어나게 된다. 공정을 진행하는 사람 입장에서는, 오직 100 nm 정도의 영역만 노출을 시킨 후 산화제를 주입했는데, 실제 구조에서는 그 옆으로도 (원치 않는) 산화막이 생성되게 된다.

시간에 따라서 가장 두꺼운 지점에서의 두께를 그려보면 그림 3.6.12와 같다. 이 시뮬레이션은 Deal-Grove 모델을 2차원 구조로 확장한 것이므로, 역시 초기에는 선형적으로 성장하다가 이후에 그 성장률이 점차 감소하는 것을 확인할 수 있다.

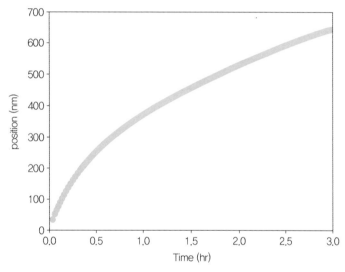

그림 3.6.12 시간에 따른 가장 두꺼운 지점에서의 산화막 두께의 변화. 1분 간격으로 180번 풀어서 얻은 결과이다.

이번 절에서는 Deal-Grove 모델을 2차원으로 확장해 보았다. 부피 팽창을 고려하지 않았음에도, 산화막/실리콘 경계면의 변화에 따라서 매번 변경되는 구조를 알맞은 삼각형들로 분할해 주는 것이 핵심적인 난관이었다. 이 문제에 대한 근본적인 해결책은 성능 좋은 외부의 mesh generator를 사용하는 것이겠지만, 이 책에서는 아주 간단한 알고리즘을 제안하여, 둔각 삼각형을 허용하지 않고 mesh를 생성해 보았다. 알고리즘이 복잡하지 않기 때문에 독자들도 구현하여 실습을 진행할 수 있을 것이다.

이번 절의 실습을 통해서 Deal-Grove 모델의 2차원 확장이 이루어졌지만, 부피 팽창이 고려되지 않아 산화막/실리콘 계면의 변화가 실제보다 크게 얻어지는 단점을 가지고 있다. 제3장의 마지막 절인 3.7절에서는 이러한 문제를 다루어 본다.

3.7 산화 공정 시뮬레이션

앞 절인 3.6절을 통해서 2차원 구조에 대한 Deal-Grove 모델의 수치해석 구현에 성공하였는데, 이로부터 이 산화 공정 시뮬레이션과 관련된 가장 중요한 특징을 파악하게 되었다. 바로 시간에 따라서 구조가 바뀐다는 점이다. 앞 절에서는 그냥 계면의 위치를 실리콘 쪽으로 파고들게 만들어서 다루었지만, 실제로는 부피 팽창이 고려되어 가스/산화막 계면의 모양도 변화해야 할 것이다.

3.5절의 마지막 문단에서 다룬 것과 같이, 이러한 문제를 엄밀하게 풀기 위해서는 산화막을 탄성체로 생각하여 역학적 시뮬레이션을 수행하는 것이 필요하다. 그러나 이와 같은 문제를 다루는 것은 이 책의 범위를 벗어난다고 판단되므로, 부정확하지만 실습 가능한 모델을 제시해 보고자 한다. 물론 실제의 공정 시뮬레이터에서는 역학적 시뮬레이션을 통해 산화막의 구조 변화를 정확하게 계산하고 있음을 유의하자. 이 절의 실습들이 부피 팽창을 다루기 위한 대략적인 것들임을 이해하면서 다음의 간단한 실습을 해보자.

실습 3.7.1 ─────────────────────────────

실습 3.6.7을 폭이 1 μm인 경우에 대해서 다시 수행하자. 대신, 실리콘/산화막 계면이 $\dfrac{F_3}{N_1}$ 이 아니라 $\alpha \dfrac{F_3}{N_1}$ (여기서 α는 실리콘의 단위 부피당 원자 수인 5×10^{22} cm^{-3}과 산화막의 단위 부피당 분자수 2.3×10^{22} cm^{-3}를 고려하면 0.46이다.)의 두께 변화율로 자라난다고 가정하자.

그림 3.7.1이 이렇게 얻어진 3시간 후의 구조를 나타내고 있다. 3시간 후의 제일 두꺼운 부분의 두께는 약 440 nm이다. 산화율이 α 배로 감소한 상황이므로, 단순히 생각하면 최종 두께도 α 배로 감소해야 할 것 같다. 그러나 여기서는 시간에 따른 산화막의 두께가 (의도적으로) 작게 계산되고 있으므로, 얇은 두께에서는 산화율이 높아서 두께는 단순히 α 배로 변하지 않는다. 실습 3.7.1은 물리적으로는 올바르지 않으며, 단지 실리콘/산화막 계면의 두께 변화율을 $\alpha \dfrac{F_3}{N_1}$ 으로 계산해 보았다는 의미만 있다. 이후 실습을 위한 중간 단계라고 생각하면 된다.

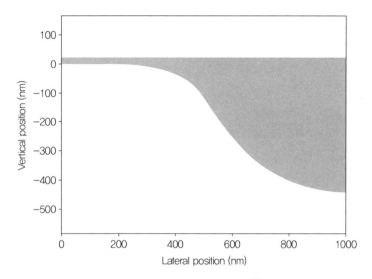

그림 3.7.1 구조의 수평 방향 폭을 1 μm로 설정하고 산화율을 $\alpha \dfrac{F_3}{N_1}$으로 놓아서 실습 3.6.7을 다시 수행한 결과. 3시간 동안 산화 공정을 진행하고 난 이후의 구조를 나타내고 있다.

그럼 이제 $(1-\alpha)\dfrac{F_3}{N_1}$만큼의 두께 변화율을 가스/산화막 계면에 배정해야 한다. 이 값을 정확하게 계산하기 위해 역학 시뮬레이션이 필요한데, 그러한 복잡한 계산을 회피하기 위해서, 단순히 수평 방향 좌표가 같은 점에 배정하도록 하자. 예를 들어, 수평 방향 좌표가 1000 nm인 곳에서 $\alpha\dfrac{F_3}{N_1}$로 산화막/실리콘 계면이 산화되고 있다면, 같은 수평 방향 좌표 1000 nm에서 가스/산화막 계면의 두께 변화율은 $(1-\alpha)\dfrac{F_3}{N_1}$라는 것이다. 물론 이러한 가정이 엄밀하게 맞는 것이 아님을 다시 한번 기억하면서 실습을 진행하자.

이 실습에서는 (역학 시뮬레이션을 회피하여서) 새로운 물리적 고려가 들어간 것이 없지만, 대신 코드를 구현할 때 조심할 일이 있다. 윗면의 성장이 아랫면의 성장에 의해서 결정이 되므로, 윗면 입장에서는 대응되는 아랫면에 대한 정보를 가지고 있어야 한다. 일반적으로는 이 두 개의 면들이 정확히 동일한 수평 방향 좌표를 가진다는 보장이 없으므로, 만약 윗면에 있는 점에 대응하는 아랫면 점이 존재하지 않는다면, 근처의 점들로부터 근사하여 값을 생성해야 할 것이다.

그림 3.7.2는 단 1분 동안만 산화 공정을 진행한 결과를 보이고 있다. 물론 변화된 구조에 맞추어서 새로 삼각형 분할을 수행한 이후의 모습이다. 윗면에 대해서 삼각형을 나눌 때에

는 아랫면과 다른 방향의 사다리꼴 대각선이 사용되는 것을 볼 수 있는데, 이것은 윗면과 관련된 사다리꼴의 모양에 따른 것이다. 나누는 방식 자체는 그림 3.6.7에 나온 것과 같다.

실습 3.7.2

실습 3.6.7을 폭이 1 µm인 경우에 대해서 다시 수행하자. 대신, 실리콘/산화막 계면은 $\alpha \dfrac{F_3}{N_1}$, 같은 수평 방향 좌표에서의 가스/산화막 계면은 $(1-\alpha)\dfrac{F_3}{N_1}$의 두께 변화율을 가지고 있다고 가정하고 계산을 수행하자. 가스/산화막 계면이 더 이상 평면이 아니므로, 이 윗면의 변화도 아랫면과 같은 방식으로 고려해 주어야 한다. 산화제의 주입 조건은 여전히 가장 오른쪽의 100 nm 범위에서만 주입이 일어나고, 윗면의 다른 쪽에서는 homogeneous Neumann 조건을 만족한다고 하자.

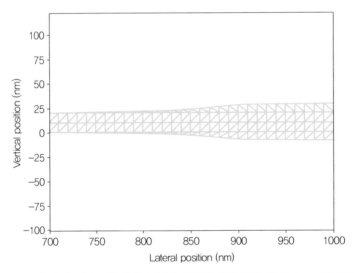

그림 3.7.2 실습 3.7.2의 결과. 1분 동안 산화 공정을 진행한 결과이다. 폭이 1 µm인 경우인데, 전체 범위를 다 표현하면 구조를 확인하기 어려워서, 700 nm부터 1 µm까지만 보였다.

이와 같은 방식으로 더 긴 공정 시간 동안 계산하는 것은 독자가 직접 해보기를 권하며, 제3장을 마무리한다.

CHAPTER

04

·

확산 공정

CHAPTER
4

확산 공정

4.1 들어가며

전통적으로, 확산 공정의 시뮬레이션은 공정 시뮬레이션의 가장 중요한 부분이었다. 이것은 불순물 분포를 정확하게 제어하는 것이 반도체 소자 성능을 확보하기 위해서 가장 중요한 요소이기 때문이다. 가장 간단하게는 고온에서의 불순물 원자들의 확산으로 확산 공정을 생각할 수 있다.

그러나 반도체 내부에서의 불순물 원자들의 움직임은 이러한 간단한 묘사보다 훨씬 복잡한 경우가 많다. 이를 적절하게 나타내기 위해서는, 단순히 불순물 원자들만이 아닌, 이들이 기판 원자인 실리콘과 결합한 다양한 형태들을 고려해 주어야 한다. 이번 장에서는 모델의 난이도를 점점 올리면서, 각 모델이 가지고 있는 한계와 이를 극복하기 위한 노력을 소개한다.

수치해석 측면에서, 제3장은 산화제의 분포를 위해서 2차원 정상 상태 확산방정식을 풀었고 시간에 대한 변화는 forward Euler 방식을 채용하였다. 이것은 고려되는 구조의 변화에 비해서 확산 현상이 더 빠르기 때문일 것이다. 제4장에서는 정상 상태 확산 방정식 대신 시간 미분항을 고려한 확산 방정식을 풀어서 시간에 따른 불순물 분포를 다루게 된다. 시간과 공간의 이산화가 함께 등장하는 것이 이번 장의 중요한 차이점이다.

*제4장의 논의를 진행하는 데 안치학 박사님의 여러 유용한 조언들이 큰 도움이 되었음을 미리 알린다.

먼저 불순물이 무엇인지 논의해야 확산 공정에서 다루게 되는 물리량들이 무엇들인지 파악할 수 있을 것이다. 불순물 원자라고 앞으로 계속 언급이 되는 것들은 실리콘의 경우에는 실리콘이 아닌 다른 모든 원자들을 가리키는 것이다. 물론 다루는 기판 물질이 무엇인지에 따라 어떤 원자가 불순물 원자인지 아닌지는 달라진다. 실리콘 기판에서 실리콘 원자는 불순물 원자가 아니지만, 화합물 반도체 기판에서는 실리콘 원자가 대표적인 불순물 원자이다. 이 책은 실리콘 기판을 가정하고 있다.

완벽한 실리콘 결정을 생각하면, 실리콘 원자들이 격자점(Lattice point)에 배치되어 있을 것이다. 그림 4.2.1에 다이아몬드(Diamond) 구조를 가지고 있는 실리콘 격자가 나타나 있다. 다이아몬드 구조는 face-centered cubic 결정에 두 개의 원자가 basis를 이루고 있는 것이다. 예를 들어, 0.543 nm인 한 변의 길이를 1로 표현했을 때, 좌표가 (0,0,0)인 원자와 (0.25,0.25,0.25)의 원자가 한 쌍이 되어서, 이들을 face-centered cubic에 따라서 배치한 것이다.

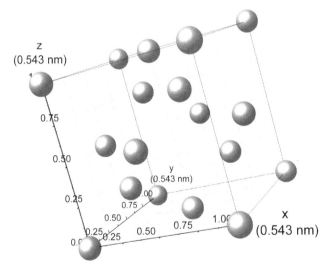

그림 4.2.1 실리콘 격자. 정육면체 모양의 단위 셀을 보이고 있다. 이 정육면체의 한 변의 길이는 0.543 nm로 주어진다.

우리의 목표는 실리콘 격자 내부에서 불순물 원자가 어디에 위치할 수 있는지를 알아보는 것이지만, 그 전에 먼저 해야 할 일이 있다. 바로 불순물 원자가 없는 경우에도 생길 수 있는 실리콘 격자의 불완전한 구조이다. 그중에서도 점결함(Point defect)을 소개하고자 한다. 비유를 하자면, 일정한 박자를 가지고 있는 음악을 헤드폰으로 들으면서 손뼉을 쳐서 녹음한 후 제출하는 수행 평가를 한다고 생각해 보자. 이상적인 경우라면 주기가 딱딱 맞을 것이다. 그러나 실수가 있을 수 있으므로, 손뼉을 쳐야 하는 순간에 못 치거나, 아니면 쳐야 하는 순간이 아닐 때 손뼉을 친다면, 이 두 가지 모두 일정한 시간 간격을 가지고 손뼉을 치는 완전한 주기성에서부터 벗어나는 것이다. 여기서는 손뼉 이외에는 어떠한 다른 소리를 내는 행위도 없지만, 적절한 타이밍을 못 맞추는 것만으로도 주기성을 깰 수 있다.

이와 같이, 다른 불순물 원자 없이도, 실리콘 원자가 있어야 할 곳에 없거나, 혹은 없어야 할 곳에 있는 것만으로도 완벽한 실리콘 격자에 결함을 만들어 낼 수 있다. 첫 번째, 실리콘 원자가 있어야 할 곳에 없는 경우를 vacancy(공공. 비어있는 구멍이라는 뜻의 空孔)이라고 한다. 두 번째, 실리콘 원자가 없어야 할 곳에 있는 경우를 interstitial(틈새. 영어로 interstitial은 형용사인데 화학에서는 명사로 써서 interstitial 위치에 위치한 원자를 말한다.)이라고 한다. 이 interstitial은 두 개의 세부적인 경우가 있다고 한다. 하나는 실리콘 원자가 없어야 하는 자리에 실리콘 원자가 위치한 것이며, 이게 쉽게 생각할 수 있는 경우일 것이다. 좀 더 직관적이지 않은 다른 하나는 원래 실리콘이 존재해야 하는 격자점 근처에 두 개의 실리콘 원자들이 위치한 경우이다. 이런 경우에 대해서는 따로 interstitialcy라는 용어가 배정되어 있고, 실제로는 이 interstitialcy 결함이 에너지 측면에서 더 선호되는 결함이라고 한다. 그러나 보통 공정 시뮬레이션과 관련된 문헌에서는 이 두 가지 경우들(interstitial과 interstitialcy)을 따로 구별하지 않고 모두 함께 interstitial이라고 부르는 경우가 많고, 이 책에서도 이러한 표기를 그대로 따르기로 한다.

지금까지 vacancy와 interstitial이라는 두 가지 점결함을 생각하였는데, 이것은 실리콘 원자의 부존재 또는 존재로 만들어지는 것이다. 우리가 관심있는 것은 불순물 원자의 위치일 텐데, 불순물 원자의 위치도 역시 같은 방식으로 구별해 볼 수 있다. 다시 손뼉치기 비유로는, 손뼉을 쳐야하는 수행 과제에서 발을 구르는 행위를 한다면 이건 엉뚱한 일이다. 이런 발구르기를 손뼉을 쳐야하는 타이밍에 한다든지, 손뼉을 쳐야하지 않는 타이밍에 한다든지 하는 식으로 구별하여 생각해 볼 수 있다. 실리콘 격자의 빈자리인 vacancy에 불순물 원자가 존재한다면, 이것은 substitutional(대체) 위치를 차지했다고 표현한다. 이것이 바로 얕은 에너지 준위를 형성하여 전기전도도에 영향을 미칠 수 있는 불순물 원자의 배치이다. 물론 interstitial 위치를 차지하고 있는 불순물 원자도 생각할 수 있으며, 이들은 깊은 에너지 준위를 형성하여 전기전도도에 영향을 미치지 못한다고 알려져 있다. 즉, 우리가 단순히 불순물 원자라고 부르는 것은 실은 substitutional 위치를 차지하고 있는 불순물 원자인 것이다.

　이상의 논의로부터, 불순물 원자가 어느 위치에 존재하고 있을 때, 이 원자가 위치를 바꾸는 일은 주변에 위치한 원자들의 위치 변화가 함께 일어나야 한다는 것을 알 수 있다. 예를 들어서, 어떤 불순물 원자가 substitutional 위치를 차지하고 있는데, 옆에 실리콘의 vacancy가 존재한다고 하자. 이 불순물 원자가 비어있는 vacancy 위치로 이동하면, 이건 substitutional 불순물이 이동한 것이고, 동시에 vacancy도 이동한 것이다. 또 다른 가능성으로, substitutional 위치를 차지하고 있던 불순물 원자가 interstitial 위치로 옮겨가고 이 빈 자리를 주변에 있던 interstitial 실리콘 원자가 채우는 것이다. 이런 일이 일어난다면, substititional 불순물 원자는 사라지고, interstitial 불순물 원자가 생겨나는 것이며 (물론 실제로는 같은 불순물 원자인데, 이것을 두 가지로 나누어서 생각하니까 하나가 사라지고 하나가 생겨나는 것처럼 묘사하는 것이다. 마치 학생이 졸업하여 취업할 경우, 똑같은 사람이지만 학생의 수가 하나 줄어들고 직장인의 수가 하나 늘어났다고 표현하게 되는 것과 같다.) 동시에 interstital 실리콘은 사라지는 것이다. 여기서 실리콘 격자점을 차지하고 있는 실리콘 원자는 당연한 것으로 생각하므로 별도로 생겨났다고 생각하지 않는다. 가능한 다양한 과정들 중에서 무엇이 실제 공정에서 주로 나타나는 중요한 것인지는 각 상황에 맞추어서 따져주어야 한다.

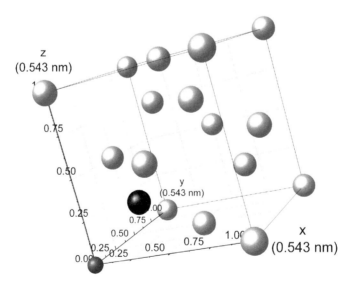

그림 4.2.2 실리콘Vacancy(검은색. 실제로는 여기 원자는 없음.)와 substitutional 불순물(어두운 회색 작은 공)이 함께 존재하는 경우. 이 경우에 두 종류의 원자가 서로 자리를 바꾸는 식으로 불순물의 확산이 일어날 수 있을 것이다. 비소, 인, 안티모니(Sb)과 같은 불순물 원자들에서는 vacancy를 통한 확산이 중요한 역할을 한다고 알려져 있다.

그러니까, 쉽게 표현하여 불순물 원자의 확산이라고 말하지만, 그 안에서는 원자 단위에서 일어날 수 있는 다양한 방식의 위치 변화 과정에 대한 고려가 필요하게 된다. 역사적으로 공정 시뮬레이터는 간단한 확산 방정식을 풀어주는 방식에서부터 원자 단위의 변화를 고려해 주는 복잡한 방식으로 발전해 왔다. 이 책에서는 이러한 변화를 따라서 간단한 고려에서부터 조금씩 조금씩 모델을 발전시켜 나가려 한다.

그럼 이러한 복잡한 과정이 내부에서 일어난다고 생각하고, 겉보기로는 어떤 일이 일어나는지를 생각해 보자. 마치 도시 간 사람들의 이동에는 도보, 자전거, 승용차, 버스, 기차, 배, 비행기 등의 다양한 방식이 존재할 수 있지만, 이러한 수단들이 제공되는지 그렇지 않은지는 두 도시 사이의 이동이 쉬운지 쉽지 않은지를 결정할 뿐, 결국 중요한 것은 이 도시로부터 저 도시로 알짜로 사람이 이동한다는 결과가 남게 된다. 그렇게 생각해 보면, 온도가 섭씨 1000 ℃ 근처로 높아진다면 원자들이 가지고 있는 운동 에너지가 충분히 커져서 원자들의 자리바꿈이 활발하게 일어날 수 있고, 이에 따라 불순물 원자의 위치가 시간에 따라 바뀌어 갈 것이다. 물론 실리콘 원자들도 그 위치를 바꿀 것이지만, 격자점에 위치한 실리콘 원자끼리 자리를 바꾸는 것은 고려 대상이 아니다. 이런 측면에서, 세부적인 기작들과 관계없이, 고온에서의 불순물 원자들이 이동은 크게 보아 확산 현상으로 묘사될 수 있을 것이다.

이번 절을 마치기 전에 solid solubility(고체 용해도)를 소개한다. 이는 어떤 불순물 원자가 특정 물질 안에서 어느 농도까지 존재할 수 있는지를 나타내는 값이다. 물에 설탕을 조금씩 부어서 잘 저어서 녹이는 실험을 할 때, 어느 정도 이상의 설탕이 들어가고 나면 더 이상 설탕이 물에 녹지 않을 것이다. 주어진 조건에서 최대한 녹일 수 있는 설탕의 양이 설탕의 물에 대한 용해도가 될 것이다. 비록 실리콘은 고체이지만 비슷한 개념을 도입하여서, 실리콘에 불순물 원자가 얼마까지 녹아들어갈 수 있는지를 생각하는 것이다. 이 농도가 넘어가면, 마치 설탕이 물에 녹지 않고 설탕의 모습을 유지하는 것처럼, 불순물 원자도 별도의 상 (Phase)을 가지게 된다고 한다. 제3장에서 산화막에 녹을 수 있는 산화제의 최대 농도를 C^* 로 표시하였는데, 이 값이 바로 산화제의 산화막에 대한 solid solubility이다. 이 개념은 4.4절에서 다시 유용하게 사용될 것이다.

4.3 단순한 확산 시뮬레이션

앞 절에서 확산 공정의 원리를 간략하게 살펴보았다. 이로부터 결국에는 실리콘 내부에서의 불순물 원자와 점결함들의 위치 변화를 다루어야 한다는 것을 이해하였고, 그렇지만 더 단순하게 보면 확산 현상으로 표현이 가능함도 알게 되었다. 이제 간단한 모델로부터 시작하여 점차 복잡한 모델들을 구현해 나가도록 하자.

가장 간단한 모델은 물론 오직 불순물 농도만을 고려하는 모델이 될 것이다. 여기서 불순물 농도는, 앞 절에서 논의한 것과 같이 실리콘 격자점에 위치한 substitutional 불순물 원자의 부피당 농도이다. 불순물 원자의 농도에 대한 연속방정식은 다음과 같다.

$$\frac{\partial C}{\partial t} = -\nabla \cdot \mathbf{F}_c \qquad\qquad (4.3.1)$$

제3장에서는 C가 산화제의 농도를 나타내었지만, 여기서는 substitutional 불순물을 나타낸다는 점을 유의하자. 연속방정식의 형태는 고려하는 물리량에 관계없이 같다는 사실을 기억하자. 문제는 이때 flux에 해당하는 $\mathbf{F}_c$를 어떻게 표현하는가 하는 점이다. 가장 간단한 단순 확산 시뮬레이션에서는 이 불순물의 flux를 확산항으로 표현하게 된다.

$$\mathbf{F}_c = -D\nabla C \qquad\qquad (4.3.2)$$

여기서 D는 diffusivity(확산 계수)이며 $cm^2\ sec^{-1}$와 같은 단위로 표현하곤 한다. 이러한 diffusivity는 전자나 홀의 수송 현상에서도 등장하며, 식 (3.3.2)에서는 산화제의 확산을 나타낼 때도 쓰였다. 모두 물리적인 의미는 같지만, 어떤 물리량의 확산이냐에 따라서 그 값은 큰 차이를 보인다. 실리콘에서의 전자나 홀이 가지고 있는 diffusivity는 $cm^2\ sec^{-1}$ 단위로 표현하면 수십~수백의 값을 가지는 경우가 많다. 한편, 지금 고려하고 있는 확산 공정에서는 이 diffusivity가 1.0보다 훨씬 작다. 예를 들어, 보론(Boron) 원자의 1100 ℃에서의 diffusivity는 10^{-13} $cm^2\ sec^{-1}$ 수준의 값을 가지게 된다. 이렇게 관련된 계수가 무척 큰 차이를 보이기 때문에, 전자나 홀의 확산은 매우 빠르게 진행되는 반면, 불순물 원자의 확산은 상대적으로 매우 느리게 진행된다. 확산 공정을 수행하는 데 수 초~수 시간이 필요한 것은 이처럼 낮은 diffusivity 때문이다.

식 (4.3.1)과 식 (4.3.2)를 결합하면, 다음과 같은 확산 방정식이 얻어진다.

$$\frac{\partial C}{\partial t} = \nabla \cdot (D\nabla C) \tag{4.3.3}$$

우리의 목적은 이 확산 방정식을 임의의 구조에 대해서 풀어주는 것이다. 그렇지만 문제를 간단하게 하기 위해, 먼저 실공간을 1차원으로 간단하게 만들어서 고려하자. 2차원으로의 확장은 이후에 고려하도록 하자. 1차원 공간에서 확산 방정식 식 (4.3.3)을 쓰면 다음과 같다.

$$\frac{\partial C}{\partial t} = \frac{\partial}{\partial x}\left(D\frac{\partial C}{\partial x} \right) \tag{4.3.4}$$

만약 diffusivity가 공간에 대해서 달라지지 않는다면 미분 바깥으로 빠질 수가 있어서 다음과 같이 쓸 수 있다.

$$\frac{\partial C}{\partial t} = D\frac{\partial^2 C}{\partial x^2} \tag{4.3.5}$$

물론 일반적으로는 diffusivity는 위치에 따라서 바뀔 수 있다.

시간에 대한 편미분을 무시할 수 있는 정상 상태에서는 다음과 같이 쓸 수도 있다.

$$D\frac{d^2 C}{dx^2} = 0 \tag{4.3.6}$$

제2장에서 이렇게 시간에 대한 미분을 고려하지 않았음을 기억하자. 이 방정식의 해는 다음과 같은 직선으로 나타나게 될 것이다.

$$C(x) = a + bx \tag{4.3.7}$$

물론 왼쪽과 오른쪽 경계에서의 경계값, 예를 들어 $x = 0$과 $x = L$에서의 불순물 농도를 알고 있다면, 손쉽게 a와 b를 계산할 수 있을 것이다.

먼저, 1차원 실공간, 상수 diffusivity, 정상 상태, 왼쪽 및 오른쪽의 경곗값 지정이라는 조건 아래에서 이 문제를 풀어보자. 이미 제2장에서 식 (2.2.4)와 같이 1차원에서의 이계 미분의 이산화를 다루었으며, 이것을 행렬 형태로 표현하는 방법 역시 다루었다. 정상 상태에서는 2차원 구조와 inhomogeneous Neumann 경계 조건까지도 이미 다루었다. 다만 시간 미분을 고려하기 위해서 구체적인 시스템을 하나 정해야 하는 상황이다. 따라서 별도의 추가적인 논의 없이, 결과를 써보도록 하자. 만약 오직 여섯 개의 점들만이 존재하는 간단한 경우에서 점들이 x_0부터 x_5부터 균일하게 나뉘어져 있는 경우에, 명시적으로 표시해 보면 다음과 같다.

$$
\begin{bmatrix}
1 & 0 & 0 & 0 & 0 & 0 \\
1 & -2 & 1 & 0 & 0 & 0 \\
0 & 1 & -2 & 1 & 0 & 0 \\
0 & 0 & 1 & -2 & 1 & 0 \\
0 & 0 & 0 & 1 & -2 & 1 \\
0 & 0 & 0 & 0 & 0 & 1
\end{bmatrix}
\begin{bmatrix}
C_0 \\ C_1 \\ C_2 \\ C_3 \\ C_4 \\ C_5
\end{bmatrix}
=
\begin{bmatrix}
C(0) \\ 0 \\ 0 \\ 0 \\ 0 \\ C(L)
\end{bmatrix}
\tag{4.3.8}
$$

물론 아래첨자로 쓴 C들은 이산화된 점들에서의 불순물 원자의 농도를 나타낸다. 점들 사이의 거리나 diffusivity가 등장하지 않는 이유는, 해당하는 방정식들을 적당한 숫자들로 나누어서 사라진 것이다.

실습 4.3.1 ──

100 nm 길이를 가지고 있는 구조를 생각하자. Donor의 농도를 미지수로 생각하여 정상 상태에서의 확산 방정식을 풀어보자. 한쪽 끝의 donor의 농도는 10^{20} cm^{-3}이라고 하고, 다른 한쪽에서 10^{19} cm^{-3}이라고 하자. 계산 결과를 해석적인 결과와 비교하자.

이미 더 복잡한 문제도 풀어보았으므로, 실습 4.3.1의 수행은 어려움 없이 가능할 것이다. 그림 4.3.1은 실습 4.3.1의 결과를 보이고 있다. 해석적인 식은 식 (4.3.7)의 계수인 a와 b가 각각 10^{20} cm^{-3}와 -9×10^{24} cm^{-4}으로 주어질 것이다. 예상했던 것과 같이 해석적인 결과와 완전히 일치하는 것을 알 수 있다. 식 (4.3.8)은 점의 개수가 6인 경우에 대한 식이지만, 실습을 진행할 때에는 이 값을 사용자가 쉽게 바꾸어서 더 많은 점들을 도입할 수 있도록 구현하도록 하자.

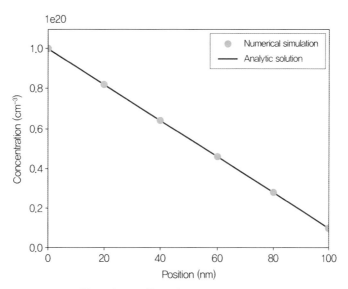

그림 4.3.1 실습 4.3.1의 결과. 10^{20} cm^{-3}과 10^{19} cm^{-3}를 연결하는 직선이 얻어지며, 이것은 해석적인 식과 같다. 여기서는 식 (4.3.8)과 같이 여섯 개의 점들만 도입하여 풀어보았으나, 점의 개수는 변경이 가능하다.

앞서 정상 상태를 다루었으나, 확산 공정에서 양쪽 끝 점에서 불순물의 농도가 정해져 있는 경계 조건을 다루기는 어렵다. 보통 불순물들의 초기 농도는 이온 주입과 같은 공정을 통해서 결정이 되며, 이후에는 지속적으로 한 지점에서의 농도를 유지시켜 줄 수 있는 방법이 없다. 제2장에서 다룬 산화 공정 같은 경우에는 가스 층을 통해서 산화제가 지속적으로 공급이 되지만, 이 확산 공정에서는 추가적인 불순물 원자의 주입은 생각하기 어렵다. 따라서, 시간 미분의 고려가 필수적이다. 역시 균일한 간격인 Δx로 떨어져 있는 점들을 생각할 경우, 경계점이 아닌 곳에서 확산 방정식 식 (4.3.5)는 다음과 같이 이산화가 가능할 것이다.

$$\frac{\partial C_i}{\partial t} = D \frac{C_{i+1}(t) - 2 C_i(t) + C_{i-1}(t)}{(\Delta x)^2} \tag{4.3.9}$$

시간 미분법 역시 제2장에서 다루었는데, 이 중에서 가장 간단한 backward Euler를 적용하면, 시간 $t = t_k$에서 다음과 같이 표시된다.

$$\frac{C_i(t_k) - C_i(t_{k-1})}{t_k - t_{k-1}} = D \frac{C_{i+1}(t_k) - 2 C_i(t_k) + C_{i-1}(t_k)}{(\Delta x)^2} \tag{4.3.10}$$

이제 시간 미분항을 벡터 꼴로 표현하는 일을 진행해 보자. 명시적으로 보이기 위해서, 오직 여섯 개의 점을 가지고 있는 경우에 대해서 보일 텐데, 더 많은 점들을 가지고 있는 경우로 확장하는 것은 바로 가능할 것이다.

$$\frac{\partial C}{\partial t} \Rightarrow \frac{1}{t_k - t_{k-1}} \begin{bmatrix} C_0(t_k) \\ C_1(t_k) \\ C_2(t_k) \\ C_3(t_k) \\ C_4(t_k) \\ C_5(t_k) \end{bmatrix} - \frac{1}{t_k - t_{k-1}} \begin{bmatrix} C_0(t_{k-1}) \\ C_1(t_{k-1}) \\ C_2(t_{k-1}) \\ C_3(t_{k-1}) \\ C_4(t_{k-1}) \\ C_5(t_{k-1}) \end{bmatrix} \tag{4.3.11}$$

여기서 ⇒는 엄밀한 수학적인 기호가 아니라, 시간 미분항을 벡터 꼴로 표현해 보면 다음과 같이 바뀐다는 것을 나타내기 위해 도입했다.

이제 1차원 공간에 대한 식들을 벡터와 행렬을 통해서 표현하는 작업도 하였고, 시간 미분을 backward Euler 방법을 가지고 다루는 것도 진행하였다. 그러나 아직, 왼쪽과 오른쪽의 경계점들에 경계 조건을 도입하지 않아서, 행렬의 첫 번째 행과 마지막 행을 어떻게 표현할지는 정해지지 않은 상태이다. 지금은 일단 다음과 같은 조건을 생각해 보자. 양쪽 끝 점에 해당하는 점들이 불순물들의 분포로부터 너무 멀리 떨어져 있어서, 확산 공정이 진행된 이후에도 실제로는 별로 확산되는 값이 없다고 생각하자. 그래서 각 이산화된 시간마다 양쪽 끝 점에서의 불술문 원자 농도가 직전 시간의 그것과 동일하게 유지된다고 생각해 보자. 식으로 명시적으로 써보면 다음과 같을 것이다.

$$C_0(t_k) = C_0(t_{k-1}) \tag{4.3.12}$$

$$C_5(t_k) = C_5(t_{k-1}) \tag{4.3.13}$$

여기서 5라는 숫자는 여섯 개의 점을 가지고 있는 경우에 대한 것이며(6 − 1=5), 물론 N개의 점을 가지고 있다면 $N - 1$이 나타나게 될 것이다. 물론 위의 경계 조건은 양쪽 끝 점들이 확산이 일어나는 곳과 멀다는 가정 아래에서만 적합한 것이며, 나중에 개선이 필요할 것이다.

아무튼, 당분간 이러한 제약을 받아들인다면, 행렬과 벡터를 사용하여 나타낸 확산 방정식은 다음과 같이 쓸 수 있을 것이다.

$$\frac{1}{t_k - t_{k-1}} \begin{bmatrix} C_0(t_k) \\ C_1(t_k) \\ C_2(t_k) \\ C_3(t_k) \\ C_4(t_k) \\ C_5(t_k) \end{bmatrix} - \frac{1}{t_k - t_{k-1}} \begin{bmatrix} C_0(t_{k-1}) \\ C_1(t_{k-1}) \\ C_2(t_{k-1}) \\ C_3(t_{k-1}) \\ C_4(t_{k-1}) \\ C_5(t_{k-1}) \end{bmatrix} = \frac{D}{(\Delta x)^2} \begin{bmatrix} 0 & 0 & 0 & 0 & 0 & 0 \\ 1 & -2 & 1 & 0 & 0 & 0 \\ 0 & 1 & -2 & 1 & 0 & 0 \\ 0 & 0 & 1 & -2 & 1 & 0 \\ 0 & 0 & 0 & 1 & -2 & 1 \\ 0 & 0 & 0 & 0 & 0 & 0 \end{bmatrix} \begin{bmatrix} C_0(t_k) \\ C_1(t_k) \\ C_2(t_k) \\ C_3(t_k) \\ C_4(t_k) \\ C_5(t_k) \end{bmatrix}$$

$$(4.3.14)$$

이 식의 오른쪽 변에 등장하는 행렬은 이계미분을 나타내고 있다. 그러나 동시에 첫 번째 행과 마지막 행에서는 경계 조건을 포함하고 있다. 이 두 개의 행들에서 모든 원소들의 값이 0이어서, 해당 행에 해당하는 "행 벡터와 열 벡터 곱"은 저절로 0이 된다. 이 내용에 대해서는 이후에 경계 조건을 논의할 때 다시 한번 다루도록 하자.

실습 4.3.2

다시 한번 100 nm 길이를 가지고 있는 구조를 생각하자. 여섯 개의 점만을 가지고 있는 이 문제에서 초기에 농도가 세 번째 점 ($i = 2$)에 대해서만 10^{19} cm^{-3}이라고 하고 나머지 다섯 개의 점에서는 모두 0이라고 가정하자. Diffusivity가 1.42×10^{-13} cm^2 sec^{-1}라고 가정하고 1초 간격으로 시간을 나누어 100초까지 진행하자.

물론 이 실습 4.3.2는 너무나 작은 수의 점들을 고려하는, 부정확한 실습이다. 게다가 100 nm의 구조는 100초라는 시간 동안 충분히 불순물 원자들이 퍼져나가므로, 경계 조건 역시 유효하지 못하다. 양쪽 끝의 농도가 0으로 결정되어 있어서, 옆의 점들의 농도가 양수이기만 하면 계속해서 flux가 생길 것이며, 이에 따라 시간이 지나가면서 시뮬레이션 영역 안에 있는 불순물 원자의 수가 줄어들 것이다. 그렇지만, 쉽게 셀 수 있을 정도로 작은 수의 미지수를 가지고 있어서, 혹시라도 구현에서 실수를 하더라도 바로 찾아낼 수 있을 것이다. 오직 구현이 틀리지 않았는지를 검증한다는 측면에서 실습 4.3.2를 수행해 보자. 그림 4.3.2에 100초가 지나고 나서 불순물 원자의 분포를 그려 보았으므로, 계산이 정상적으로 수행되고 있는지 확인해 보자. 10^{17} cm^{-3} 단위로 표시하였을 때, $i = 1, 2, 3, 4$인 점들에서의 불순물 원자 농도는 5.99773332, 9.52587529, 9.29558534, 5.62603075로 얻어진다. 이 값들의 합이 10^{19} cm^{-3}보다 한참 작으므로 불순물 원자의 수가 유지되지 못함을 파악할 수 있다.

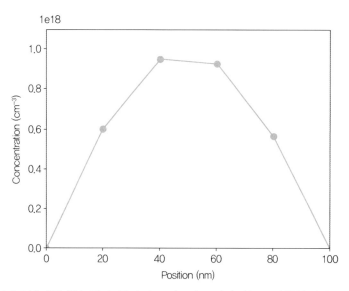

그림 4.3.2 실습 4.3.2에 대한 실습 결과. 물리적으로는 아무 의미 없는 부정확한 결과이지만, 구현의 올바름을 확인하는 데 유용하게 사용할 수 있다.

이제 실습 4.3.2를 성공적으로 수행하여서 계산을 할 수 있음을 확인하였다면, 물리적으로 올바른 값들을 도입해 보도록 하자. 이를 실습 4.3.3으로 준비하였다.

실습 4.3.3

실공간은 10 nm 간격으로 1001개의 점으로 나타내자. 그래서 전체 구조는 10 μm의 길이를 가질 것이다. 초기에 딱 가운데 점($i = 500$)에만 불순물 원자 농도가 2×10^{19} cm^{-3}이라고 하자. 나머지 모든 점들에서는 농도가 0이다. 이전 실습과 같이 diffusivity가 1.42×10^{-13} cm^2 sec^{-1}라고 할 때, 100초까지 1초 간격으로 시간을 나누어 불순물 원자의 분포를 계산해 보자.

실습 4.3.3은 실습 4.3.2와 같은 상황을 생각하고 있지만, 충분히 넓은 구조에 대해서 진행하는 것이 다르다. 그림 4.3.3에 그 결과가 나타나 있는데, Gaussian 함수 모양으로 퍼져나가는 것을 확인할 수 있다. 시간이 지나면서 최고점의 값은 줄어들고, 대신 폭은 점차 넓어지는 것을 알 수 있다.

시간에 따라서 최고점(가운데 점)에서의 농도를 시간의 함수로 그려볼 수 있다. 시간에 따라서 줄어드는 것을 알 수 있는데, 시간에 그냥 반비례하지는 않고 조금 덜 급하게 감소하는

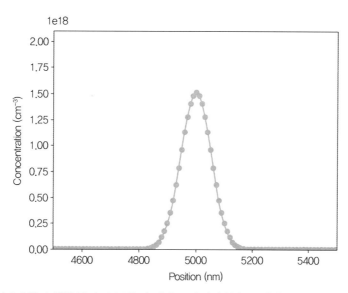

그림 4.3.3 실습 4.3.3을 수행한 결과. 100초가 지나고 나서의 불순물 원자의 분포를 그렸다. 실제 시뮬레이션은 10 μm의 길이를 가지는 구조에 대해서 수행하였지만, 결과를 좀 더 잘 보이기 위해서 중심에서 오직 1 μm의 폭으로 그려 보았다. 이미 이런 경우에도 양쪽 끝에서 충분히 작은 농도를 가지고 있어서 경계 조건이 적합할 것임을 이해할 수 있다.

것을 알 수 있다. 이렇게 초기에 한 점에 디락 델타(Dirac delta) 함수와 같이 모여 있고 그 적분된 불순물 원자의 양이 Q로 주어질 경우를 생각하자. 원래의 불순물 원자의 농도가 cm^{-3}와 같은 단위로 나타나므로, Q는 이것을 한 번 실공간에 대해 적분한 cm^{-2}와 같은 단위로 주어질 것이다. 이 경우에, 최고점에서의 농도인 $C_{peak}(t)$는 참고문헌 [Plummer2000]과 참고문헌 [Plummer2024]에 따르면 다음과 같은 식으로 주어진다고 알려져 있다.

$$C_{peak}(t) = \frac{Q}{2\sqrt{\pi D t}} \tag{4.3.15}$$

실습 4.3.3에서의 dose 값은 2×10^{13} cm^{-2}이며, 이를 이용하여서 비교해 보면, 실습 결과가 해석적인 식을 잘 따라간다는 것을 알 수 있다.

주의깊은 독자라면, "실습 결과가 해석적인 식을 잘 따라간다."라고 바로 앞 문단에서 적었지만 실제로는 초기 시간으로부터 약 10초까지의 상황에서는 그다지 잘 맞지 않는다는 것을 확인할 수 있다. 이러한 차이를 그냥 두어야 하는가? 수치해석을 하다 보면 이산화에 따른 어느 정도의 오차는 감수할 수밖에 없는 순간이 있는데, 그런 경우라도 오차의 원인이 무엇

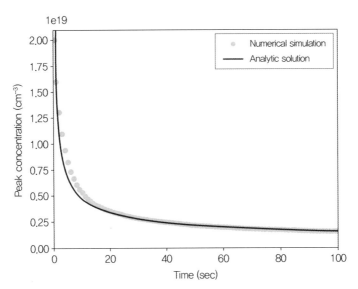

그림 4.3.4 실습 4.3.3에서 얻어진 결과에서 최고점에서의 농도인 $C_{peak}(t)$를 시간의 함수로 그려본 결과. 1초 간격으로 100초 동안 시뮬레이션한 결과이다.

인지를 파악하려는 노력은 늘 필요하다. 이런 측면에서 시간에 의한 오차의 영향을 파악하기 위해서 시간 간격을 0.1초로 짧게 설정하여 똑같이 100초 동안 시뮬레이션해 본 결과가 그림 4.3.5에 나타나 있다. 점들이 수치해석 결과인데, 검은색 선으로 나타난 해석적 식에 조

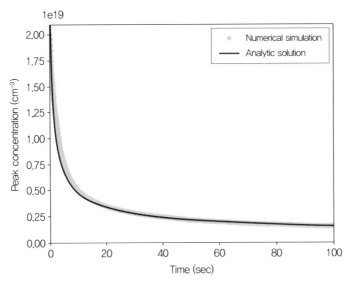

그림 4.3.5 실습 4.3.3에서 얻어진 결과에서 최고점에서의 농도인 $C_{peak}(t)$를 시간의 함수로 그려본 결과. 0.1초 간격으로 100초 동안 시뮬레이션한 결과이다. 따라서 그림 4.3.4보다 10배가량 더 오랜 계산 시간이 필요하다.

금 더 가까워지는 것을 확인할 수 있다.

여기까지만 다룬다면, 시간 미분만이 오차의 근원이라는 인식을 주기 쉽다. 이 시뮬레이션은 시간과 공간을 동시에 이산화하여 다루고 있으므로, 시간의 간격만 아니라 공간의 간격역시 중요할 것이다. 이런 측면에서 10 μm의 길이를 1 μm의 길이로 10배 줄이고, 대신 점들사이의 간격도 10 nm가 아니라 1 nm로 줄이자. 초기 조건에서 오직 가운데 점에 농도가 몰려 있으므로, 간격이 10배 줄어든 것을 반영하여 초기 농도를 2×10^{20} cm^{-3}이라고 하자. 이러면 초기의 dose 값은 2×10^{13} cm^{-2}으로 유지할 수 있다. 100초가 지난 이후에도 아직 농도가충분히 퍼지지 않았으므로, 양쪽 끝에서의 경계 조건은 문제가 되지 않는다. 그림 4.3.6은 시간 간격은 0.1초, 공간 간격은 1 nm인 경우로 시뮬레이션한 결과를 보이고 있다. 육안으로보아도 계산의 정확도가 더 향상되었음을 확인할 수 있으며, 오차의 계량화는 독자가 직접해보기를 권한다. 이상의 논의로부터 수치해석에서 이산화 간격의 중요성을 다시 한번 확인할 수 있었으며, 수치해석 결과를 의심 없이 믿지 않고 늘 오차의 범위를 염두에 두어야 할것이다.

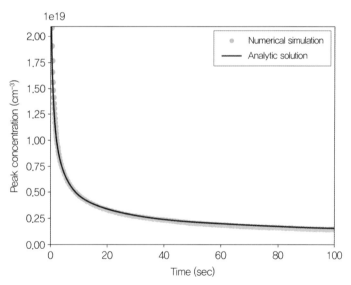

그림 4.3.6 실습 4.3.3에서 얻어진 결과에서 최고점에서의 농도인 $C_{peak}(t)$를 시간의 함수로 그려본 결과. 0.1초 간격으로 100초 동안 시뮬레이션한 결과이며, 공간 간격을 1 nm로 줄였다.

이러한 실습을 통해서, 최소한의 물리적인 의미를 가지고 있는 시뮬레이션을 해볼 수 있게 되었다. 이러한 기능을 이용해서, 온도의 영향을 살펴보도록 하자. 지난 실습에서 $1.42\times$

10^{-13} cm^2 sec^{-1}와 같은 diffusivity를 도입하여 사용하였는데, 이건 어떻게 나온 값일까? 아주 간단한 모델에서, diffusivity의 온도에 대한 의존성은 다음과 같이 표시해 볼 수 있다고 한다.

$$D = D^0 \exp\left(-\frac{E_A}{k_B T}\right) \tag{4.3.16}$$

여기서 E_A는 activation energy(활성 에너지)이며, k_B는 볼츠만 상수이고, $k_B T$는 주어진 온도 T에서의 열에너지를 나타낸다. 이때, D^0와 E_A는 불순물 원자의 종류에 따라 달라지는 값이다. 예를 들어서, 보론 원자의 경우에는, D^0는 1.0 cm^2 sec^{-1}이라고 하며, 이와 같이 사용되는 E_A는 3.5 eV라고 한다. 비록 D^0가 큰 값을 가지고 있지만, E_A의 값이 매우 크기 때문에, 실제로 1100 ℃와 같은 높은 온도(이때의 $k_B T$는 약 118 meV에 달한다.)를 고려하더라도 계산되는 diffusivity의 값은 1.42×10^{-13} cm^2 sec^{-1} 정도를 나타내게 된다. 그러므로 온도를 높이게 되면 diffusivity가 크게 증가할 것이며, 낮추게 되면 크게 감소할 것임을 알 수 있다. 다음 실습을 통해서 확인해 보자.

실습 4.3.4

이번 실습은 이전의 실습 4.3.3과 거의 유사하며, 많은 수정이 필요하지 않다. Diffusivity를 1.42×10^{-13} cm^2 sec^{-1} 대신 1000 ℃에서의 값을 식 (4.3.16)으로 계산하여 사용하자. 동일하게 100초까지의 불순물 원자의 분포를 계산해 보자.

1000 ℃에서의 식 (4.3.16)으로 계산한 diffusivity의 값은 약 1.40×10^{-14} cm^2 sec^{-1}라서 10배가량 감소한 것을 알 수 있다. 이 값을 사용하여 계산한 결과가 그림 4.3.7에 나타나 있다. 예상했던 것과 같이 100 ℃만큼의 온도 감소에 의해서 diffusivity는 크게 감소하게 되며, 이에 따라서 100초 후의 불순물 분포 역시 크게 달라진다. 식 (4.3.15)에 따라서 diffusivity가 10배 감소하면, 동일 시간이 지났을 때의 $C_{peak}(t)$ 값이 $\sqrt{10}$ 배 커짐을 수치해석 결과로 확인할 수 있다. 이러한 결과를 통해서, 확산 공정이 온도에 매우 민감한 함수임을 잘 이해할 수 있다. 그럼 이렇게 diffusivity가 온도에 민감한 함수일 때, 정확한 불순물 분포를 알기 위해서는 어떻게 해야 하는가? 다행스럽게도, 각 불순물 원자의 종류에 따라서, 다양한 조건들에 따른 diffusivity는 실험적 또는 이론적인 방법들을 통해서 알려져 있는 편이다. 따라서 많이 사용되

는 물질들에 대해서는 어느 정도 신뢰성 있는 시뮬레이션이 가능할 것이다. 물론 정확한 일치를 기대하기는 어려우며, 각각의 실험과의 정확한 일치를 원한다면 시뮬레이션에서 사용하는 파라미터들의 미세한 조정은 필요할 것이다.

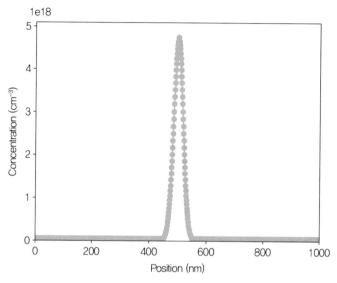

그림 4.3.7 실습 4.3.4를 수행한 결과. 실습 4.3.3보다 낮아진 온도 때문에 확산이 훨씬 덜 이루어짐을 확인할 수 있다. 0.1초, 1 nm를 이산화 간격으로 적용하여 계산하였다.

비록 간단하지만, 확산 시뮬레이션을 해볼 수 있게 되었으므로, 이를 활용하여 여러 가지 계산들을 해볼 수 있을 것이다. 이러한 활용들은 독자 각각의 상황에 맞추어 진행하도록 하고, 이후 절들에서는 이번 절의 가장 간단한 모델에서 자세히 다루지 못하였던 부분들을 다루어 보도록 하자.

4.4 경계 조건

앞 절에서는 양쪽으로 매우 넓은 범위를 시뮬레이션 구간으로 설정하여, 양쪽 두 끝점에서는 불순물 원자의 농도가 바뀌지 않는다는 경계 조건을 가지고 시뮬레이션을 해보았다. 현실에서는 얇은 접합을 만들기 위해서, 이온 주입을 실리콘 기판의 표면 근처에 하는 경우가 많으므로, 적어도 한쪽은 멀리 떨어져 있다고 가정하기 어렵다. 따라서 유한한 거리만큼 떨어져 있는 경계점(보통 실리콘 기판과 다른 물질 사이의 경계일 것이다.)에서의 조건이 중요하게 됨을 이해할 수 있다. 그림 4.4.1이 이 경계 근처를 확대해서 보이고 있다.

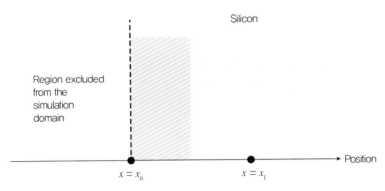

그림 4.4.1 Flux가 0인 경계 근처의 확대도. 원들은 mesh에 해당하는 이산화된 점들을 나타낸다. 경계점을 $x = x_0$라고 할 때, 빗금 친 부분이 Ω_0에 해당한다.

이러한 상황에서 가장 먼저 생각할 수 있는 경계 조건은, 그 지점에서의 불순물 원자의 이동이 금지된 경우이다. 2.3절에서 이미 더 일반적인 경우들에 대해서 이와 같은 homogeneous Neumann 경계 조건을 인가하는 법을 배웠지만, 제4장에서의 논의를 완결성 있게 진행하기 위해서 다시 다루어 본다. 편의상, 이 지점이 $x = x_0$에 위치해 있다고 해보자. 그럼 확산 방정식을 x_0부터 x_0와 x_1의 중간 지점인 $x_{0.5} = \dfrac{x_1 + x_0}{2}$ 까지 적분한 식을 적어 보자. 이 경우에는 x_0와 $x_{0.5}$에서의 flux들이 필요하게 될텐데, 그중에서 $x_{0.5}$에서의 flux는 통상적인 방법으로 처리하고, 경계 조건에 해당하는 x_0에서의 flux는 그대로 적어 보자.

$$\frac{C_0(t_k) - C_0(t_{k-1})}{t_k - t_{k-1}}(x_{0.5} - x_0) = D\frac{C_1(t_k) - C_0(t_k)}{x_1 - x_0} - F_c(x_0) \tag{4.4.1}$$

여기서 F_c는 벡터장인 $\mathbf{F}_c$의 x 방향 성분이고, 필요한 값은 딱 경계점인 x_0에서의 값이다. 불순물 원자의 이동이 금지된 경우라고 한다면, 이 조건은 매우 간단하게 표시할 수 있을 것이다.

$$F_c(x_0) = 0 \tag{4.4.2}$$

그럼 이 조건을 포함시킨 경우의 식, 즉, x_0 근처에서 이산화한 확산 방정식 역시 아주 간단하게 다음과 같이 쓸 수 있다.

$$\frac{C_0(t_k) - C_0(t_{k-1})}{t_k - t_{k-1}}(x_{0.5} - x_0) = D\frac{C_1(t_k) - C_0(t_k)}{x_1 - x_0} \tag{4.4.3}$$

이것은, 경계면에 대한 특별한 처리를 하지 않으면 homogeneous Neumann 경계 조건을 쓰는 것이라는 2.3절에서의 결론과 같다.

이제 식 (4.4.2)와 같이 쓴 경계 조건이 이전의 경계 조건과 다르게 경계점에서의 농도 변화를 허용하는 것을 직접 확인해 보도록 하자. 실공간이 x_0부터 넓게 뻗어나간다고 생각하고, x_0에서는 방금 다룬 경계 조건을 쓰고, 대신 마지막 점에서는 농도가 바뀌지 않는다고 생각해 보자. 계속해서 명시적으로 보이기 위해서 사용해 왔던 여섯 개의 점을 가진 경우를 생각해 보면, 식 (4.3.14)에 해당하는 최종적인 식은 다음과 같이 쓸 수 있게 된다.

$$\frac{1}{t_k - t_{k-1}}\begin{bmatrix} C_0(t_k) \\ C_1(t_k) \\ C_2(t_k) \\ C_3(t_k) \\ C_4(t_k) \\ C_5(t_k) \end{bmatrix} - \frac{1}{t_k - t_{k-1}}\begin{bmatrix} C_0(t_{k-1}) \\ C_1(t_{k-1}) \\ C_2(t_{k-1}) \\ C_3(t_{k-1}) \\ C_4(t_{k-1}) \\ C_5(t_{k-1}) \end{bmatrix} = \frac{D}{(\Delta x)^2}\begin{bmatrix} -2 & 2 & 0 & 0 & 0 & 0 \\ 1 & -2 & 1 & 0 & 0 & 0 \\ 0 & 1 & -2 & 1 & 0 & 0 \\ 0 & 0 & 1 & -2 & 1 & 0 \\ 0 & 0 & 0 & 1 & -2 & 1 \\ 0 & 0 & 0 & 0 & 0 & 0 \end{bmatrix}\begin{bmatrix} C_0(t_k) \\ C_1(t_k) \\ C_2(t_k) \\ C_3(t_k) \\ C_4(t_k) \\ C_5(t_k) \end{bmatrix}$$

$$\tag{4.4.4}$$

이 식이 식 (4.3.14)와 다른 곳은 오직 오른쪽 변에 등장하는 행렬의 첫 번째 행만이다. 이전의 식 (4.3.14)에서는 이 첫 번째 행의 요소들이 모두 0이어서, 행 벡터와 열 벡터의 곱이 저절로 0이었다. 이를 통해서 시간 미분이 0이 된다는 (다른 말로 시간이 지나도 값이 바뀌지 않는다는) 조건을 구현할 수 있었다. 지금은 그렇지 않고 대각성분이 -2이고 바로 옆의 비대각성분이 2인, 약간 직관적이지 않은 형태를 가지고 있다. 그렇지만, 이것은 식 (4.4.3)을 식 (4.4.4)의 꼴에 맞추어서 양변을 $x_{0.5} - x_0$을 나누어 보면 무리 없이 이해할 수 있을 것이다. $x_{0.5} - x_0$는 $x_1 - x_0$의 반임을 기억하자.

이제 앞 절과 같이, 물리적인 의미를 생각하지 않고 단순히 구현의 올바름을 확인하기 위한, 여섯 개의 점만을 사용한 시습을 해보자. 실습 4.3.2를 경계 조건만 바꾸어서 다시 수행하는 것이다.

다시 한번 100 nm 길이를 가지고 있는 구조를 생각하자. 여섯 개의 점만을 가지고 있는 이 문제에서 초기에 농도가 세 번째 점 ($i = 2$)에 대해서만 10^{19} cm^{-3}이라고 하고 나머지 다섯 개의 점에서는 모두 0이라고 가정하자. Diffusivity가 1.42×10^{-13} cm^2 sec^{-1}라고 가정하고 1초 간격으로 시간을 나누어 100초까지 진행하자. 이 실습에서는 왼쪽 경계점을 통해서는 불순물 원자가 이동할 수 없다고 가정하고, 대신 오른쪽 경계점에서는 농도가 계속 0으로 유지된다고 생각한다.

실습 4.4.1을 수행해 본 결과가 그림 4.4.2에 나타나 있다. 이 그림을 통해 명확히 알 수 있는 것처럼, 불순물이 통과하지 못하는 경계가 존재하면, 그 지점에 불순물 원자가 확산하여 쌓이게 되고, 시간이 지남에 따라 점차 농도가 높아진다는 것을 알 수 있다. 50초가 지난 후의 결과를 보면 이제 왼쪽에서의 세 개의 점들이 가지고 있는 불순물 원자 농도가 거의 비슷함을 알게 된다. 이후로는 40 nm 지점에서부터 왼쪽 경계로의 확산은 거의 일어나지 않을 것이며, 오히려 오른쪽 경계를 통한 불순물 원자의 손실이 두드러질 것이다. 100초가 지난 후의 결과가 이를 명확하게 보여준다. 이제 최초에 가장 높은 농도를 가지고 있던 40 nm 지점은 특별한 의미를 가지지 못하여, 왼쪽 경계에 쌓여있던 불순물 원자들이 오른쪽

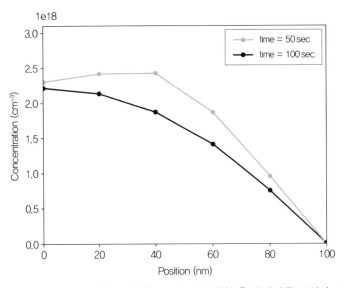

그림 4.4.2 실습 4.4.1을 수행해 본 결과. 50초와 100초가 경과한 후의 결과를 그렸다. 그림 4.3.2와 비교해 보면, 경계 조건에 따른 결과의 차이를 명확하게 파악할 수 있다.

경계를 통해 일방적으로 빠져나가는 모습만 보이게 된다. 10^{17} cm^{-3} 단위로 표시하였을 때, 100초 후 $i = 0, 1, 2, 3, 4$인 점들에서의 불순물 원자 농도는 22.1422755, 21.34965642, 18.76186441, 14.10211612, 7.58575962로 얻어지므로, 디버깅에 참고하도록 하자.

물론 위의 실습은 디버깅을 쉽게 하기 위하여 여섯 개의 점만을 사용한 것이기 때문에, 물리적인 의미를 찾기는 어렵다. 이제 좀 더 물리적인 의미를 가지고 있는 실습을 더 큰 숫자의 점들과 함께 실행해 보자.

실습 4.4.2

실공간은 1 nm 간격으로 1001개의 점으로 나타내자. 그래서 전체 구조는 1 μm의 길이를 가질 것이다. 초기에 딱 첫 번째 점($i = 0$)에만 불순물 원자 농도가 2×10^{20} cm^{-3}이라고 하자. 나머지 모든 점들에서는 농도가 0이다. 이전 실습과 같이 diffusivity가 1.42×10^{-13} cm^2 sec^{-1}라고 할 때, 100초까지 0.1초 간격으로 시간을 나누어 불순물 원자의 분포를 계산해 보자.

그림 4.4.3에 나타난 결과를 보면서 무엇을 관찰하게 되는가? 독자들에게는 이 결과가 마치 실습 4.3.3의 결과를 정확히 반으로 쪼개놓은 것처럼 보일 것이다. 분명히 우리는 새로운

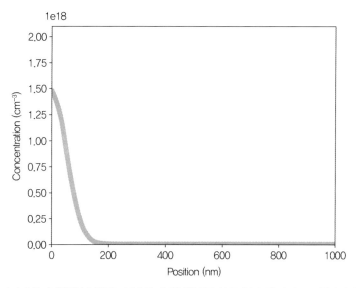

그림 4.4.3 실습 4.4.2를 수행해 본 결과. 100초 후의 결과를 보고 있으며, 0.1 nm와 0.1초의 간격을 사용하였다. 마치 Gaussian 함수의 오른쪽 반과 같다. 그림 4.3.3과 비교해 보자.

경계 조건을 도입하였는데, 이 결과만 보면 이전과 달라진 것이 없어 보여서 좀 의아할 수 있다. 그러나 이것은 잘못된 것이 아니며, 경계점이 Gaussian 함수의 미분값이 0인 부분에 해당하여서 발생한 일이다.

이제 다시 초기 분포의 위치를 옮겨보도록 하자. 이를 위해 실습 4.4.3을 준비하였다. 초기 분포의 위치를 100 nm만큼 옮겨놓고 관찰해 본다. 그럼 이제 왼쪽 경계와 오른쪽 경계의 차이에 따라서 최고점 기준으로 왼쪽과 오른쪽의 분포가 달라질 것이라 예상할 수 있다.

실습 4.4.3

이 실습은 다른 조건들은 다 전의 실습 4.4.2와 같다. 그렇지만 초기 조건을 변경하여서, 불순물 원자들이 첫 번째 점이 아니라, 100 nm만큼 안으로 들어가 있다고 가정하자. 이와 같은 초기 조건을 사용하여 다시 수행해 본다.

그림 4.4.4에 나타난 결과는 예상과 같다. 이제는 x_0인 위치(좌표로는 0)에서의 불순물 농도가 시간이 지남에 따라서 점차 증가하는 것을 알 수 있다. 시간이 지나고 나면, 이후로는 x_0 근처에서의 불순물 원자 농도가 거의 위치에 관계없이 균일하게 됨을 알 수 있다. 확산 현상을 시뮬레이션하고 있음을 생각해 보면, 100 nm에서의 농도가 0에서의 농도보다 높다면

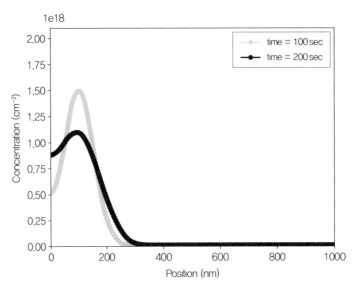

그림 4.4.4 실습 4.4.3을 수행해 본 결과. 100초와 200초가 경과한 이후의 결과들을 보이고 있다. 최댓점의 좌표인 100 nm로부터 왼쪽 및 오른쪽으로 동일한 거리만큼 떨어진 두 점에서 불순물의 농도가 같지 않다.

계속해서 불순물 원자들이 왼쪽으로 이동할 것이며, 이 과정은 이러한 농도 차이가 해소되고 나서야 사라지게 될 것이다.

지금까지의 실습을 통해, 어느 지점의 불순물 원자의 농도가 시간에 따라 바뀌지 않거나, 혹은 flux가 0이거나 하는 조건들을 지정해 줄 수 있게 되었다. 그런데, 현실에서는 이보다 좀 더 복잡한 경계 조건이 필요할 때도 있다. 이제부터는 이러한 상황들에 대해서 논의해 보자.

실제 공정에서는 단순히 하나의 물질로 이루어진 영역이 존재하고 이를 벗어나면 가스 층이 나타나는 것이 아니며, 실리콘 층 위의 산화막 층과 같이 여러 개의 다른 물질들이 층을 이루어 겹쳐 있는 경우가 있다. 예를 들어서 보론 원자는 실리콘 층에 있을 수도 있지만, 만약 실리콘과 산화막의 경계면을 만난다면, 실리콘 층에서 산화막 쪽으로 이동해 갈 수도 있는 것이다. 특히나 많은 경우에, 실리콘 쪽에 초기의 불순물 농도가 높기 때문에, 확산 공정을 통해서 실리콘과 다른 물질 사이의 경계면을 만나게 되고, 여기서 각각의 불순물 원자들이 어떻게 행동하는지를 묘사해야 할 것이다.

잠시 후에 좀 더 올바른 경계 조건을 생각하기로 하고, 일단 두 물질의 경계면을 고려해 보자. 대표적인 예로 산화막과 실리콘으로 이루어진 하나의 시스템을 고려해 보자. 먼저 산화막 쪽으로는 불순물 원자가 넘어가지 못하는 경우이다. 미지수를 선택할 때에는, 산화막 영역에서도 미지수가 있다고 생각하고, 두 물질 사이의 계면에서는 두 물질에 해당하는 미지수를 다 포함하도록 하자. 예를 들어서 전체 구조 안에 1001개의 점들이 있다고 하면, 미지수의 숫자는 1001개가 아니라 1002개가 되는 것이다. 정확히 계면에 해당하는 점에 배정된 미지수가 2개가 있을 것이다. 그럼 이 두 개의 물질 사이의 flux가 0이라는 조건에 의해서, 실제로는 서로 독립적으로 시뮬레이션하는 것과 전혀 다를 바가 없을 것이다. 그렇지만 앞으로의 쓰임을 위해 일부러, 이 두 개의 서로 독립적인 문제를 하나로 묶어서 풀어보도록 하자. 산화막에서의 diffusivity는 어떤 값이라도 동일한 결과가 나올 것이지만, 이후의 논의를 위해서 D^0는 5.16×10^{-2} cm^2 sec^{-1}이라고 하며, 이와 같이 사용되는 E_A는 4.06 eV라고 하자. 이러한 값을 사용하여 1100 ℃에서의 diffusivity를 계산하면, 6.45×10^{-17} cm^2 sec^{-1}이 되어서, 실리콘에서의 diffusivity보다 훨씬 작음을 알 수 있다.

구조를 만들어서 x 좌표가 0부터 60 nm까지는 산화막이라고 생각하고, 이보다 더 큰 좌표에서는 실리콘이라고 생각하자. 그리고 나머지 조건은 실습 4.4.3과 동일하게 설정하자. 즉, 불순물 원자의 초기 위치는 160 nm에 있다고 보면 될 것이다. 따라서 비록 산화막 내부에서도 확산 현상을 고려하지만 처음부터 산화막 내부에 어떠한 불순물 원자도 없었고 실리콘 층으로부터 넘어오는 것도 허용이 되지 않아서, 늘 0을 얻게 될 것이다.

그림 4.4.5는 실습 4.4.4를 수행한 결과인데, 예상했던 것과 같이 실리콘 영역에서의 행동은 그림 4.4.4의 그것과 완전히 같다. 다만, x 좌표가 0부터 60 nm까지 해당하는 산화막 영역에서 초기에도 0이고 이후로도 쭉 0인 불순물 원자 농도가 추가된 점이 다를 뿐이다. 경계에서는 수직으로 뻗어있는 선을 보게 되는데, 이것은 60 nm라는 좌표에 두 개의 값들(산화막에서의 불순물 농도, 실리콘에서의 불순물 농도)이 배정되어 있기 때문이다. 이러한 실습을 통해, 비록 물리적으로는 아무런 의미가 없더라고, 두 개의 물질로 이루어진 상황을 다룰 수 있게 되었다.

4.2절의 마지막 부분에서 solid solubility를 다루었는데, 어떤 불순물 원자가 특정 물질 안에서 어느 농도까지 존재할 수 있는지를 나타내는 값이다. 만약 맞닿은 두 물질에 대한 어떤

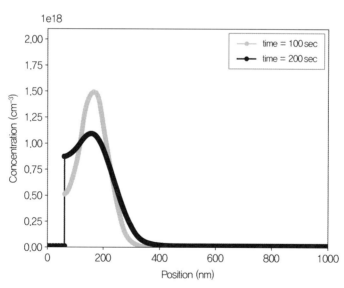

그림 4.4.5 실습 4.4.4를 수행해 본 결과. 결과 자체는 그림 4.4.4를 오른쪽으로 산화막의 두께인 60 nm만큼 평행 이동시킨 것과 같다.

불순물 원자의 solid solubility가 크게 다르다면, 심지어 양쪽 물질에 동일한 농도의 불순물 원자가 존재한다 하더라도, 한쪽에서는 너무 많은 것일 수 있고, 다른 한쪽에는 충분히 더 받아들일 여유가 있을 것이다. 그래서 평형 상태라 하더라도, 두 물질이 가지고 있는 특정 불순물 원자의 농도가 똑같지 않을 수 있다. 이와 관련되어, 두 물질의 계면에서 평형 상태에서 특정 불순물 원자의 농도 차이를 생각할 수 있는데, 이를 segregation coefficient(분리 계수)라고 부른다.

두 물질의 계면은 공간상으로는 같은 점이기 때문에, 실공간에 대한 미분과 관련한 항이 중요한 역할을 하지 않는다. 대신 두 물질 사이의 ("물질 A에 녹아있는 불순물 원자"가 "물질 B에 녹아있는 불순물 원자"로 바뀌는) 화학 반응으로 생각해 볼 수 있게 되는 것이다. 이를 다음과 같은 화학 반응으로 표현해 보자. 불순물 원자를 X로 표시하여, A에 녹아있는 불순물 원자의 상태를 X_A라고 하고, B에 녹아있는 불순물 원자의 상태를 X_B라고 하면, 다음과 같은 화학식으로 쓸 수 있다.

$$X_A \Leftrightarrow X_B \tag{4.4.5}$$

이때, 정방향 반응에 대한 반응 계수를 k_1이라고 하고, 역방향 반응에 대한 반응 계수를 k_2라고 하면, 불순물 원자가 물질 A로부터 물질 B로 이동하는 flux는 다음과 같이 쓸 수 있다.

$$F_{AB} = k_1 C_X^A - k_2 C_X^B \tag{4.4.6}$$

여기서 C_X^A는 물질 A에 녹아있는 불순물 원자 X의 농도를 나타낸다. F_{AB}의 차원을 고려하면 k_1과 k_2는 속력의 차원을 가질 것이다. 평형 상태라고 생각하면, $F_{AB} = 0$이라고 놓아서 다음과 같이 쓸 수 있게 될 것이다.

$$\frac{C_X^B}{C_X^A} = \frac{k_1}{k_2} = k_{Segregation} \tag{4.4.7}$$

여기서 등장하는 숫자 $k_{Segregation}$가 segregation coefficient이다. 식 (4.4.7)에서 볼 수 있는 것처럼, 이 segregation coefficient는 두 물질 사이의 농도 차이를 나타내고 있다. 물론 어느 것이

물질 A이고 어느 것이 물질 B인지에 대한 원칙은 없으며, 혼동이 되지 않게만 표시하면 될 것이다. Segregation coefficient를 동원하여 k_2를 소거하면, F_{AB}는 다음과 같이 쓸 수도 있다.

$$F_{AB} = k_1 \left(C_X^A - \frac{1}{k_{Segregation}} C_X^B \right) \tag{4.4.8}$$

이 segregation coefficient는 불순물 원자와 물질 A, 물질 B에 대해서 달라질텐데, 몇 가지 대표적인 예를 고려해 보자. 특히 보론의 경우가 다른 물질들과 다른 형태를 보인다. 물질 A를 산화막, 물질 B를 실리콘이라 생각할 때, 보론의 segregation coefficient는 다음과 같다고 한다.

$$k_{Segregation} = \frac{C_B^{Si}}{C_B^{SiO_2}} \approx 0.3 \tag{4.4.9}$$

즉, 보론 원자는 계면에서 실리콘보다 산화막에 3배 이상 더 많이 존재하는 것이 평형 상태이다. 흥미롭게도, 인이나 비소 같은 불순물 원자들에 대해서는 이 값이 오히려 10 정도로 주어진다고 한다. 그러므로 이런 원자들은 산화막 쪽으로 넘어가지 않으려 할 것이다.

이제 segregation coefficient의 영향을 명확하게 알아보기 위해, 가상적인 불순물 확산을 한 번 생각해 보자. 다른 모든 파라미터들을 고정하고, 오직 segregation coefficient만 바꾸었을 때 시간이 지난 후의 모습이 어떻게 바뀌는지를 살펴보도록 하자.

실습 4.4.5

실습 4.4.4에서 다룬 것과 같은 구조를 고려하자. 그러나 실습 4.4.4에서는 두 물질들이 서로 분리되어 있던 반면, 이 실습에서는 식 (4.4.8)과 같은 조건으로 주어져 있다고 한다. 세 가지의 서로 다른 segregation coefficient, 즉 0.1, 1.0, 10을 고려하기로 하자. k_1은 모두 동일한 값인 4.57×10^{-4} cm sec^{-1}을 사용하도록 하고 $k_{Segregation}$을 변경하는 것이므로, 실제로는 k_2가 바뀌는 것이다. 지금 생각하는 물질의 배치라면, 결국 실리콘에서의 불순물 농도에 다른 flux의 민감도를 10배씩 바꾸어 가면서 시뮬레이션을 해보는 것이다.

그림 4.4.6은 실습 4.4.5를 수행한 결과를 보이고 있다. 예상했던 것처럼, k_2가 클수록, 즉, segregation coefficient가 작을수록, 실리콘에서 산화막 쪽으로 더 원활하게 불순물이 이동해 나가는 것을 알 수 있다. 이에 따라 동일한 초기 조건에서 시작하였음에도, 200초의 시간이 지나고 나서의 특히 산화막 내부에서의 불순물 원자 분포는 매우 다르게 나타남을 명확하게 확인할 수 있다. 산화막 내부에서의 분포가 직선으로 나타나는 것은 산화막의 왼쪽 끝 경계의 값을 0으로 설정하였기 때문에 생긴 현상이다. 물론 산화막의 왼쪽 끝 경계에서의 flux를 0으로 놓는 방식으로 설정하면 결과가 달라질 것이다. 이에 대해서는 독자가 직접 확인해 보길 바란다.

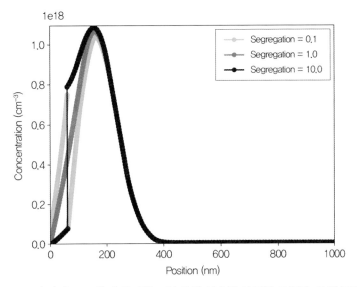

그림 4.4.6 실습 4.4.5의 결과. 200초가 경과하고 난 후의 불순물 분포를 그렸다. 모든 조건을 동일하게 하였지만, segregation coefficient를 바꾼 것만으로도 결과가 크게 달라짐을 확인할 수 있다.

실습 4.4.5만으로도 경계 조건을 나타내는 segregation coefficient의 영향을 잘 알 수 있지만, 현실에서는 좀 더 복잡한 현상이 일어날 수 있다. 실습 4.4.5에서는 오직 실리콘 영역에만 초기에 불순물 원자들이 존재하였으나, 초기에 산화막 영역에도 균일하게 불순물 원자가 분포하는 경우를 생각해 볼 수 있다. 어떻게 이러한 일이 생길 수 있을까? 먼저 도핑이 된 well 영역을 생성한 이후에, 표면을 산화한다면 원래 존재하던 불순물 원자들이 산화막 영역에도 남아있게 될 것이다. 이 상황에서 확산 공정을 진행하면, segregation coefficient에 따라서 더 선호하는 영역으로의 이동이 보이게 될 것이다. 이러한 내용을 실습 4.4.6을 통해서 다루어 보자.

계속 고려하고 있는 것과 동일하게, 60 nm의 산화막과 두꺼운 실리콘 영역을 생각하자. 그리고 초기에, 두 물질에 해당하는 영역에서 모두에서 동일하게 1×10^{18} cm^{-3}의 도핑 농도를 가지고 있다고 생각하자. 두꺼운 실리콘 영역을 모두 고려할 수 없기 때문에, 전체 영역을 1 μm까지만 고려하되, 실리콘 영역의 끝에서의 경계 조건을 농도를 1×10^{18} cm^{-3}를 고정하는 식으로 설정하자. 이렇게 경계에서 불순물 원자 농도를 고정하는 것은 이미 실습 4.3.1에서 다루었기 때문에 그라지 어렵지 않게 구현할 수 있을 것이다. 반면 산화막 쪽 끝에서는 flux가 0이라는 경계 조건을 도입하자. 이후, 역시 세 가지 서로 다른 segregation coefficient, 즉 0.1, 1.0, 10을 고려하여 시뮬레이션을 수행해 보자. k_1은 모두 동일한 값인 4.57×10^{-4} cm sec^{-1}을 사용한다.

실습 4.4.6을 수행한 결과가 그림 4.4.7에 나타나 있다. Segregation coefficient가 10으로 큰 경우에는 실리콘 쪽에 해당하는 계면에서의 불순물 분포가 높은 값을 보이는 것을 확인할 수 있다. 이것은 산화막 쪽에 있던 불순물 원자들이 대부분 실리콘 쪽으로 이동하여 생긴 일이다. 반대의 경우에는 오히려 실리콘 쪽에 있던 불순물 원자들이 산화막 쪽으로 이동한 것을 알 수 있다. 한 가지 유의할 것은, 산화막 내부에서의 불순물 원자들의 분포 역시, 이 구조에서 가장 왼쪽 지점의 경계 조건에 따라 영향을 받는다는 것이다.

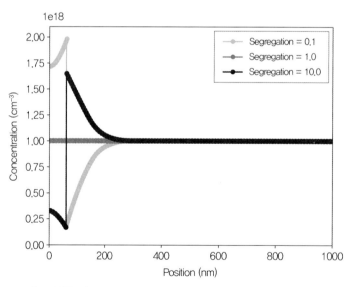

그림 4.4.7 실습 4.4.6을 수행한 결과. 200초가 경과하고 난 후의 불순물 분포를 그렸다. 초기에 균일하게 분포해 있던 불순물 원자가 segregation coefficient에 따라서 전혀 다른 분포를 나타내고 있다.

이 절에서는 경계 조건에 따른 확산 공정 시뮬레이션 결과의 차이를 살펴보았다. 물질들 사이의 경계 조건을 어떻게 처리하느냐에 따라서 언뜻 비슷해 보이는 구조라도 매우 다른 결과가 얻어짐을 확인할 수 있었다. Segregation coefficient가 핵심적인 역할을 한다는 것도 알 수 있다. 참고문헌 [4-1]에서 확인할 수 있듯이, 이 값을 정확한 이론에 근거해서 최신 공정 에 맞게 추출하는 것은 여전히 간단한 일이 아닌 것으로 보인다. 이런 일들을 수행하는 데 있어서 원자 단위 계산법이 요긴하게 쓰일 것이라 생각되며, 원자 단위 계산법에 기반한 적 합한 공정 시뮬레이션 파라미터의 추출은 공정 시뮬레이션의 중요한 발전 방향 중 하나일 것이다.

4.5 2차원 확장

이번 절에서는 모델을 더 복잡하게 발전시키지 않은 상태에서 2차원 확장만을 고려해 보자. 이후에 더 복잡하고 정교한 모델들이 소개될 것이지만, 이들의 2차원 확장은 독자들의 몫으로 남기고, 이 책의 실습에서는 지금까지 배운 간단한 모델의 2차원 확장만을 다루고자 한다.

먼저 실습에 사용할 구조를 생성해 보도록 하자. 그림 4.5.1에 나온 구조를 만들어 보자. 이 구조는 수평 방향으로는 3 μm만큼 펼쳐져 있는데, 그중에서 가운데 2 μm만큼의 영역에

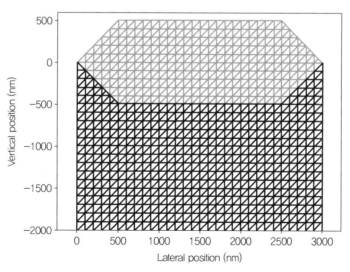

그림 4.5.1 실리콘 기판(흰 삼각형) 위에 선택적으로 길러진 산화막 층(회색 삼각형)의 모습. 이번 절의 실습 을 위하여 사용될 것이다. 산화막 영역은 옆으로 길쭉한 육각형으로 간략하게 나타내었고, 전체 영역을 삼 각형들을 사용하여 나누었다.

대해서는 산화막이 1 μm 두께로 생성되어 있고, 양쪽 옆으로는 점차 산화막의 층이 얇아진다고 생각하자. 이를 옆으로 길쭉한 육각형 모양으로 나타내자. 삼각형들로 실리콘과 산화막을 포함한 전체 영역을 나누게 되는데, 나눌 때 각각의 삼각형들은 두 물질 중 하나에만 속하여야 한다. 이렇게 되면 물질들 사이의 계면은 삼각형의 변들로 나타나게 될 것이다. 이 구조는 3.7절에서 다룬 구조를 도식화해서 나타낸 것으로 이해할 수 있다. 3.7절의 결과를 그대로 사용하지 않는 이유는, 3.7절 실습의 결과 차이에 의해 이번 절의 실습이 영향을 받지 않기를 바라기 때문이므로, 관심 있는 독자는 3.7절의 최종 구조를 가지고 시뮬레이션을 해 보아도 좋을 것이다.

이미 제2장과 제3장을 통해서, 2차원 공간에서의 Laplacian 연산자를 어떻게 다루어야 하는지는 이미 충분히 다루었다. 만약 diffusivity가 공간에 대해서 달라지지 않는다면 2차원에서의 확산 방정식은 다음과 같이 쓸 수 있다.

$$\frac{\partial C}{\partial t} = D \nabla^2 C \tag{4.5.1}$$

따라서 2차원에서의 확산 방정식을 행렬과 벡터를 사용해서 표시한다면, 1차원과 달라지는 것은 오직 오른쪽 변의 처리뿐이다. 서로 다른 물질들이 있다는 것이 전의 2차원 구조들과는 다른 점이 될 텐데, 이 경우에는 계면에서도 정확하게 경계 조건이 주어지기 때문에, 서로 다른 물질들이 서로 직접적으로 정보를 교환할 필요는 없다. 오직 segregation coefficient를 통해서 계면에서의 flux 계산 과정에서 동일한 위치의 서로 다른 두 미지수(산화막에서의 불순물 원자 농도, 실리콘에서의 불순물 원자 농도)가 서로 연관될 뿐이다. 이러한 경계 조건은 4.4절에서 이미 1차원에 대해서 다루었으며, 이것을 2차원으로 확장하는 것은 제3장에서 다루었으므로, 반복하지 않기로 한다.

일단 간단하게 균일한 불순물 원자 분포를 만들어 보자. 물론 당연히 그냥 상수의 값을 미지수 벡터에 넣어주어도 되겠지만, 그보다는 물리적인 내용을 담고 있는 식을 풀어서 상수 값을 해로 얻어 보자.

이 실습 4.5.1의 결과는 명확하게 1×10^{18} cm^{-3}이므로 별도의 그림으로 확인할 필요는 없을 것이다. 만약 이것이 제대로 얻어지지 않는다면, 정답인 1×10^{18} cm^{-3}을 대입하여서 0이 아닌 결과가 얻어지는 점이 있는지를 확인해 보자. 이 실습의 목적은 물론 균일한 값을 얻는 것이 아니며, 두 개의 2차원 영역을 포함하는 상황에서 적절한 경계 조건들(가장 윗면의

homogeneous Neumann 조건, 가장 아랫면의 Dirichlet 조건, 계면에서의 segregation 조건)을 적용하여서 무리 없이 결과를 얻는 것이 가능한지를 확인하고자 하는 것이다. 계면이 있기 때문에, 행렬 방정식을 풀어서 얻게 되는 x의 성분이 어느 점의 불순물 원자 농도를 나타내는 지를 알아야 한다. 따라서 얻어야 하는 결과는 명확하지만, 실제 구현은 복잡할 수 있다. 구현이 간단하지 않을 수 있다는 점을 미리 염두에 두고 실습을 진행해 보자.

실습 4.5.1

이번 실습의 목표는 균일한 불순물 분포를 모든 점에 대해서 얻는 것이다. 그러나 확산 방정식을 정상 상태에서 풀어서 얻어 보려 한다. 따라서 시간에 대한 편미분항은 사라지게 되며, Laplace 방정식을 푸는 것으로 간략화된다. 다음의 조건들을 사용하도록 하자. 먼저 가장 산화막 층의 가장 위에 노출되어 있는 변들에 대해서는 변에 수직한 방향으로의 flux 가 없는 homogeneous Neumann 경계 조건을 인가해 주자. 그리고 대신 가장 아래에 있는 변들에 대해서는 1×10^{18} cm^{-3}의 고정된 불순물 원자 농도를 가지는 Dirichlet 경계 조건을 인가해 주자. 그리고 실리콘과 산화막이 만나는 계면에서는 segregation coefficient를 1.0으로 설정하여서 두 물질에서의 불순물 원자의 농도가 같도록 해주자. $k_1 = k_2$의 값은 전과 같이 4.57×10^{-4} cm sec^{-1}을 쓰도록 하고, diffusivity 등도 이전의 실습에서의 값을 그대로 쓰도록 하자.

만약 segregation coefficient가 1.0이 아닌 상황에서의 정상 상태 해를 구해보면 어떻게 될까? 이 경우에는 실리콘 쪽의 농도는 경계 조건 때문에 1×10^{18} cm^{-3}으로 균일하겠지만, 산화막 쪽의 (또한 그 내부에서는 균일한) 농도는 segregation coefficient의 영향을 받아서 달라질 것이다. 이러한 내용도 경계 조건의 간단한 수정을 통해서 확인해 보자. 4.4절에서도 비슷한 실습을 하였지만, 그때는 정상 상태가 아니라 일정한 시간이 경과하고 난 이후였다. 정확히 정상 상태의 해를 구해보는 일은 해보자. 이를 통해서 시간이 한 쪽 경계에서 불순물 원자의 농도가 유지되고 있을 때, 아주 오랜 시간이 지나고 나서의 결과를 확인할 수 있다.

그림 4.5.2에 실습 4.5.2의 결과를 보이고 있는데, segregation coefficient가 0.1로 설정된 경우에는, 산화막 영역에서의 균일한 불순물 농도는 1×10^{19} cm^{-3}이다. 반면, 그림 4.5.2에는 나오지 않았지만 segregation coefficient가 10으로 설정된다면 산화막 영역에서의 불순물 농도는 1×10^{17} cm^{-3}이다. 이 점은 독자가 직접 확인해 보길 바란다. 이렇게 얻어진 정상 상태의 분포는 영역별로 딱 정확하게 구별이 되면서 상수 값을 가지고 있다. 앞서 4.4절에서, 예를 들어

그림 4.4.7 같은 경우에는 계면 근처에서의 불순물 원자 농도가 위치에 따라서 크게 달라지는 것을 확인하였다. 이러한 차이는, 정상 상태 해는 시간이 아주 오래 지나고 나서 얻어진다는 사실을 기억하면 이해할 수 있다.

실습 4.5.2

이번 실습은 실습 4.5.1을 그대로 반복하여 정상 상태의 확산 방정식을 풀되, segregation coefficient를 1.0이 아닌 값을 사용하는 것이다. 예를 들어, 0.1이나 10.0을 사용해 볼 수 있다. 실습 4.5.1의 코드가 올바르게 구현이 되어 있다면, 아주 간단한 수정만을 가지고 바로 결과를 얻을 수 있을 것이다.

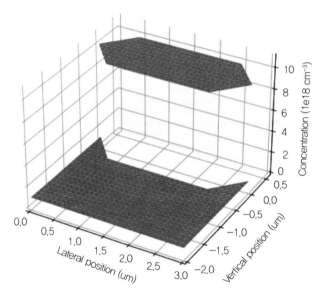

그림 4.5.2 실습 4.5.2의 결과. 정상 상태 확산방정식을 푼 결과이다. 산화막을 기준으로 한 실리콘의 segregation coefficient가 0.1로 설정된 경우를 보고 있다. 이 경우에는, 산화막 영역에서의 균일한 불순물 농도는 실리콘 영역 농도의 10배인 $1 \times 10^{19}\,\mathrm{cm^{-3}}$이다.

정상 상태 확산 방정식을 통해, 두 개의 물질을 가지고 있는 2차원 구조에 대해서 다룰 수 있는 충분한 준비가 되었으므로, 이제 실습 4.4.6과 유사한 내용을 2차원으로 확장해 보자. 이미 필요한 요소 기술들이 다 준비되었으므로, 이들을 조합하면 올바른 결과를 얻을 수 있을 것이다. 지금까지는 $\int_{\Omega_i} d^3r$를 쓸 일이 없었으나, 시간 미분을 2차원 구조에 대해서 다룰 때에는 이 값이 필요할 것이므로, 이 점을 유의하면서 코드를 구현해 보자.

실습 4.5.3

실습 4.4.6에서 사용한 물리적인 모델을 그림 4.5.1의 구조에 대해서 적용하자. 실습 4.4.6 과의 차이점은 구조가 그림 4.5.1에 나타난 2차원 구조라는 것뿐이다. 초기에 실리콘과 산화막에 관계없이 모두 1×10^{18} cm^{-3}의 불순물 원자 농도를 가정하자. 200초의 시간이 지난 후 불순물 원자 분포를 그려보도록 하자.

먼저 그림 4.5.3은 segregation coefficient가 0.1로 작은 경우에 해당한다. 1차원 구조에 대한 결과는 그림 4.4.7에 나타나 있는데, 이 결과는 복잡한 2차원 구조를 가진 경우에도 이러한 확산 공정 시뮬레이션을 문제없이 수행할 수 있음을 알 수 있다.

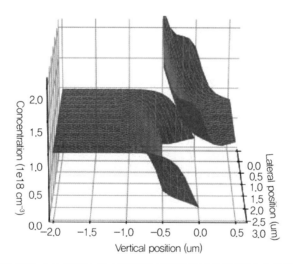

그림 4.5.3 실습 4.5.3의 결과. 1초 간격으로 시뮬레이션하여 200초가 지난 후의 결과이다. Segregation coefficient가 0.1로 작게 설정된 경우를 보고 있다. 결과를 잘 나타내기 위해서 그림 4.5.2와는 다른 각도에서 바라보았다.

같은 실습을 segregation coefficient 10에 대해서 수행한 결과가 그림 4.5.4에 나타나 있다. 이 경우에도 정성적인 행동은 1차원 결과인 그림 4.4.7과 유사하게, 산화막에 불순물 원자가 줄어들고, 빠져나온 불순물 원자들이 실리콘 층에서 발견되는 것을 확인할 수 있다.

이상의 실습들을 통해서 2차원 구조로의 확장이 요소 기술들을 빠짐없이 적용할 경우 그

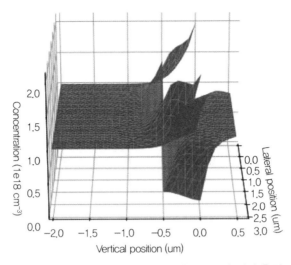

그림 4.5.4 실습 4.5.3의 결과. 1초 간격으로 시뮬레이션하여 200초가 지난 후의 결과이다. Segregation coefficient가 10으로 크게 설정된 경우를 보고 있다. 비교를 위해 그림 4.5.3과 같은 각도에서 바라보았다.

다지 어렵지 않게 가능함을 확인할 수 있었다. Diffusivity에 대한 더 복잡한 모델, 전기장의 고려, 그리고 미시적인 확산 모델 등과 같이 더 발전된 모델들을 도입하면 확산 시뮬레이션의 난이도를 크게 높이게 된다. 이렇게 복잡한 모델과 2차원 구조를 결합하는 것은 매우 흥미로운 실습 주제가 될 것이지만, 강의의 교재 혹은 자습서라는 이 책의 취지를 생각해 볼 때, 명시적으로 다루지는 않으려 한다. 관심 있는 독자는 이러한 도전적인 실습을 스스로 수행해 보기를 적극 권한다. 다음 4.6절에서는 다시 1차원 구조에서 전기장 효과를 고려해 보기로 하자.

4.6 여러 종류의 불순물 확산

이번 절에서는 여러 종류의 불순물들이 하나의 기판에 존재하는 경우를 다루어 보자. 이러한 경우들은 흔히 발생할 수 있다. PN 접합을 생성하는 경우라면 항상 이렇게 서로 다른 종류의 불순물들이 무시할 수 없을 정도로 존재하는 경우들이 생길 것이다.

물론 이들이 서로의 존재를 인식하지 않고 상호작용하지 않는다면 두 개의 불순물 원자 (예를 들어 보론과 비소)에 대해서 따로따로 시뮬레이션을 진행하고 그 결과들을 함께 그려도 아무런 문제가 없을 것이다. 그러나 일반적인 경우에는 서로 영향을 미칠 수 있으므로,

함께 묶어서 풀어주는 방식이 필요할 것이다. 이렇게 함께 묶어서 풀어주는 경우, 물론 해를 포함하고 있는 벡터의 크기는 두 배가 될 것이다. 평소 자주 생각해 주던 여섯 개의 점을 가지고 있는 경우라면, 다음과 같은 미지수 벡터 x가 등장할 것이다.

$$
\mathbf{x} = \begin{bmatrix} C_{B,0} \\ C_{As,0} \\ C_{B,1} \\ C_{As,1} \\ C_{B,2} \\ C_{As,2} \\ C_{B,3} \\ C_{As,3} \\ C_{B,4} \\ C_{As,4} \\ C_{B,5} \\ C_{As,5} \end{bmatrix} \tag{4.6.1}
$$

C_B와 C_{As}는 보론과 비소 원자의 농도를 나타내며, 아래 첨자에 붙은 숫자는 어느 지점에서의 값인지를 나타낸다. 즉, $C_{B,0}$ 같은 경우는 x_0에서의 보론 원자 농도라고 이해할 수 있다. 물론 반드시 식 (4.6.1)과 같은 방식으로, 한 점에 있는 다양한 불순물들을 모두 다루고, 그 다음 점으로 넘어가야만 하는 것은 아니다. 예를 들어 또 다른 가능성으로, 먼저 보론 원자들에 대해서 전체 나열한 후, 그 다음에 비소 원자들에 대해서 모두 나열하는 방식이 있을 수 있다. 이러한 방식을 채택할 경우, 동일한 물리량들을 위해서 다음과 같은 배치도 가능할 것이다.

$$
\mathbf{x} = \begin{bmatrix} C_{B,0} \\ C_{B,1} \\ C_{B,2} \\ C_{B,3} \\ C_{B,4} \\ C_{B,5} \\ C_{As,0} \\ C_{As,1} \\ C_{As,2} \\ C_{As,3} \\ C_{As,4} \\ C_{As,5} \end{bmatrix} \tag{4.6.2}
$$

어느 것이 더 적합한 방식인지에 대해서는 상황에 따라 다른 판단이 내려질 것이다. 예를 들어서, 이러한 배치에 따라서 실공간에 대한 이계미분을 나타내는 연산자 역시 모양이 달라질 것이다. 물리적인 기술은 전혀 달라지지 않지만, 각 행과 열의 배치가 달라져서 생기는 일이다.

이계 미분만을 생각한다면, 식 (4.6.2)에 따라서 변수들을 배치하는 것이 해당하는 행렬이 더 좁은 대역폭(Bandwidth)을 가질 수 있을 것이다. 여기서 대역폭이라는 것은, 대각 성분으로부터 제일 멀리 떨어져 있는 0이 아닌 성분의 거리와 관계가 된다. 쉽게 말해서, 식 (4.6.2)에 따르면 이계 미분을 나타내는 행렬이 대각 성분과 거기서 기껏해야 한 칸 벗어난 곳에만 0이 아닌 성분들이 존재할 것이다. 반면 식 (4.6.1)에 따르면, 이제는 가장 가까운 이웃에 위치한 같은 종류의 불순물 원자가 두 칸 벗어난 곳에서 찾아진다. 그러니, 이렇게만 생각하면 마치 식 (4.6.2)가 더 좋아 보일 수 있다. 그러나 만약 이 두 가지 종류의 불순물들이 서로 상호 작용을 한다면 어떨까? 예를 들어 보론 원자의 확산 현상이 같은 지점에 있는 비소 원자들에 의해서 영향을 받는다면? 이런 경우에는 명백하게 식 (4.6.2)의 배치법을 채택할 경우에 더 넓은 폭을 가진 행렬이 만들어질 것이다.

앞 문단의 논의는 생성되는 행렬의 대역폭을 좁히는 일이 굉장히 중요한 문제처럼 서술하였는데, 성능이 좋은 컴퓨터와 편의성이 높은 계산 환경을 사용하는 경우에는 행렬의 대역폭에 따른 차이를 느끼기가 어려울 수 있다. 특히나 행렬 계산 프로그램에서 저절로 행렬의 행과 열을 재정렬(Reordering)해주는 경우라면, 더더욱 위와 같은 과정들이 전체 성능에 미치는 영향이 줄어들 수 있을 것이다.

변수 배치에 있어서 또 다른 고려 사항으로는 구현의 편의성 또는 실수 없이 구현하는 데 편리함이 있을 수 있다. 어느 점의 어떤 변수가 x에서 몇 번째 위치에 있는지, 거꾸로 x에서 몇 번째 위치에 있는 점이 물리적으로는 어떤 의미를 가지는지에 대한 정보를 빠르게 알아낼 수 있는 것이 매우 중요한 기능이다. 이미 4.5절의 2차원 구조에 대한 실습을 진행하면서, 계면에 속한 한 점에 두 개의 미지수가 배치되어서 이들의 위치를 올바르게 관리해야만 하는 문제가 있었다. 이러한 결정은 최적의 방안을 제시하기 쉽지 않으므로, 독자마다 각각 구현해 보기를 권한다.

어떠한 방식이라도 변수들의 배치를 마친 이후에는 해당하는 행렬을 만드는 것이 가능할 것이다. 이후로 확산 공정을 시뮬레이션하는 기법 자체는 전과 동일하기 때문에, 바로 아래의 실습 4.6.1을 해보자.

아주 간단하게 오직 실리콘으로만 이루어진 1 μm 길이의 구조를 생각해 보자. 그리고 여기에 초기에 보론과 비소가 모두 존재하고 있다고 가정하자. 보론은 Gaussian 함수의 형태로 존재하고, 그 최고점의 좌표는 0.5 μm이다. 농도는 1.0×10^{19} cm^{-3}이며, Gaussian 함수의 표준 편차는 50 nm이다. Diffusivity는 1.4×10^{-14} cm^2 sec^{-1}으로 설정하자. 비소 역시 Gaussian 함수의 형태인데, 최고점의 좌표는 0.2 μm이며 농도는 2.0×10^{20} cm^{-3}이다. 표준 편차는 100 nm이다. Diffusivity는 10배가량 작은 1.47×10^{-15} cm^2 sec^{-1}으로 설정하자. 120분 동안의 확산 공정이 이루어졌다고 생각하자.

그림 4.6.1은 실습 4.6.1의 결과를 나타내고 있다. 초기에 보론과 비소 원자의 농도가 같아지는 지점은 약 450 nm 근처에서 나타났다. 120분 동안의 확산 공정이 이루어진 이후에는 이러한 점이 약 510 nm 근처로 이동한 것을 알 수 있다. Diffusivity가 작은 비소의 움직임은 보론에 비해서 훨씬 느림을 알 수 있다.

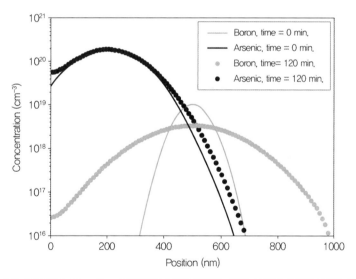

그림 4.6.1 실습 4.6.1의 결과. Semilog 그래프로 나타내었다. 초기 상태와 120분 경과 후 확산 공정을 통해서 PN 접합의 접합면이 이동하는 것을 확인할 수 있다. 이 결과는 10 nm와 10초의 상대적으로 큰 간격을 사용하여 얻어졌다.

이번 절에서는 두 개의 서로 다른 불순물 원자들이 하나의 기판 내에 존재할 때, 어떻게 배치하고 풀어줄 것인가에 대해서 다루어 보았다. 진행한 실습 4.6.1에서는 보론과 비소가 서로에게 영향을 미치지 않기 때문에, 얻어진 결과는 따로따로의 확산 시뮬레이션을 한 것과 다르지 않을 것이다. 그러나 다음 절에 다룰 전기장 효과가 포함되면, 결과가 달라지게 된다.

4.7. 전기장 효과

앞 절에서 두 개의 서로 다른 불순물들이 함께 확산하는 경우에 대해서 살펴보았다. 이때에는 두 개의 서로 다른 극성을 가진 원자들이 서로 독립적으로 이동하였다. 그러나 실제로는, 이들이 PN 접합을 구성하고 있음을 기억해야 한다. 평형 상태에 놓인 PN 접합을 떠올리면, 이러한 구조에서 별도의 전압 차이가 P-타입 영역과 N-타입 영역에 주어지지 않더라도 자생적으로 전기장이 존재하게 된다. 이것을 built-in field라고 부른다.

이런 점을 생각해 보면, 비록 우리가 공정을 하는 도중에 이 기판을 반도체 소자로 동작시키는 것이 아니지만, 그럼에도 기판 내부에 불순물 원자의 분포 때문에 전기장이 생기고, 그 전기장이 확산 현상에 영향을 미칠 수 있을 것이다. 이 점을 고려하는 일을 해보자.

실습 4.7.1 ───

아주 간단하게 오직 실리콘으로만 이루어진 300 nm 길이의 구조를 생각해 보자. 그리고 여기에 초기에 보론과 비소가 모두 존재하고 있다고 가정하자. 보론은 균일한 농도 1.0×10^{17} cm^{-3}을 가지고 있다. 보론의 diffusivity는 1.4×10^{-14} cm^2 sec^{-1}으로 설정하자. 대신 비소는 Gaussian 함수의 형태인데, 최고점의 좌표는 20 nm이며 농도는 5.0×10^{20} cm^{-3}이다. 표준 편차는 9 nm이다. Diffusivity는 보론보다 10배가량 작은 1.47×10^{-15} cm^2 sec^{-1}으로 설정하자. 10분 동안의 확산 공정을 시뮬레이션해 보자.

실습 4.7.1은 그 자체로는 실습 4.6.1과 다를 바가 없다. 불순물 원자들의 초기 분포만 조금 다를 뿐이므로, 별다른 어려움 없이 결과를 바로 얻을 수 있을 것이다. 그림 4.7.1이 그 결과를 나타내고 있다. 보론은 원래부터 균일했기 때문에 더 이상 그 분포를 바꾸지 않으며, 오직 비소만이 시간에 따라서 확산되는 것을 확인할 수 있다. 초기에 보론과 비소 원자의 농도가 같아지는 지점은 약 56 nm 근처에서 나타났다. 10분 동안의 확산 공정이 이루어진 이후에는

이러한 점이 약 84 nm 근처로 이동한 것을 알 수 있다.

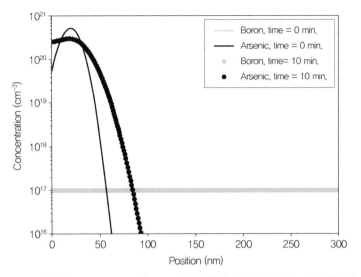

그림 4.7.1 실습 4.7.1의 결과. Semilog 그래프로 나타내었다. 초기 상태와 10분 경과 후 확산 공정을 통해서 PN 접합의 접합면이 이동하는 것을 확인할 수 있다. 이 결과는 1 nm와 1초의 상대적으로 작은 간격을 사용하여 얻어졌다.

실습 4.7.1은 전기장 효과를 고려하지 않은 경우를 위해 결과를 확보한 것이고, 이제 전기장 효과를 구현해 보도록 하자. 전기장 효과를 고려한다는 것은 불순물 원자의 이동을 고려할 때, 확산 현상만이 아니라 전기장에 의해 움직이는 drift 현상도 함께 고려한다는 뜻이다. 식 (4.3.2)는 확산 현상만을 고려했을 때의 flux에 대한 식이었는데, 양전하로 대전된 불순물 이온의 경우에는 다음과 같이 수정된 형태를 가지게 된다.

$$F_c = - D\nabla C + C\mu E \tag{4.7.1}$$

여기서 E는 전기장을 나타내는 벡터장이며, μ는 이동도(mobility)이다. Diffusivity 개념과 마찬가지로 이동도 개념도 전자나 홀의 수송 현상을 배울 때 등장한다. 여기서의 이동도는 불순물 이온의 이동도이므로, 매우 작은 값을 가질 것임을 알 수 있다. 또한 마치 전자와 홀의 flux가 그 극성에 따라서 drift 항의 부호가 다른 것처럼, 음전하로 대전된 불순물 이온의 경우라면 식 (4.7.1) 대신 부호가 바뀐 다음의 식을 따르게 될 것이다.

$$F_c = -D\nabla C - C\mu E \qquad\qquad (4.7.2)$$

따라서 전기장 효과를 고려할 때에는 E를 구하는 것이 필요하다. 매 순간의 불순물 원자 분포(이들이 모두 이온화되어 있다고 가정하여 불순물 이온 분포라고 생각한다.)를 바탕으로 전기장을 구하고 이로부터 확산 방정식을 수정하는 일은 독자가 직접 수행해 보도록 하자. 전기장을 구하는 방법은 다양할 수 있으며, 참고문헌 [Hong]과 같이 nonlinear Poisson 방정식을 다 풀어주거나, 혹은 근사적인 방법으로 고려해 줄 수 있다. 어떤 경우라도 intrinsic carrier density가 필요한데, 이 물리량이 온도에 매우 민감한 값임을 기억하자. 따라서 주어진 온도에 알맞은 값을 계산하여 사용해야 한다.

실습 4.7.2

실습 4.7.2와 완전히 동일한 문제를 전기장 효과를 포함하여 계산해 보자. 공정 온도는 1000 °C라고 생각한다.

그림 4.7.2는 실습 4.7.2의 결과를 보이고 있다. 전기장 효과의 유무에 따라 최종적인 불순물 분포가 크게 영향을 받게 된다. 결과를 관찰해 보면 다음과 같다. 먼저 비소는 전기장 효과가 고려되었을 때, 더 빠르게 확산해 가는 것을 알 수 있다. 현재 다루는 구조에서 N-타입 영역이 왼쪽에 있고 거기에 양으로 대전된 이온들이 있으므로, 전기장은 왼쪽에서 오른쪽을 향하는 방향을 가지게 된다. 이 전기장의 방향에 맞추어서 비소 이온들이 더 빠르게 확산해 들어간다. 확산이라고 적었지만, 실제로는 확산과 drift가 합쳐진 결과이다. 또한 보론의 경우에는 정확히 반대로 이동할 것이다. 그 결과 표면에 보론이 쌓이게 되고 (왼쪽 끝에는 homogeneous Neumann 경계 조건을 사용하였다.) 중간에 보론들이 옮겨가서 농도가 낮아진 부분도 볼 수 있다. 전체적으로, 전기장은 양이온과 음이온에 공통적으로 겉보기 확산이 커지는 식으로 영향을 미치고 있다.

지금까지 전기장에 의한 영향을 drift 항을 추가하여 고려하였는데, 최근의 공정 시뮬레이션에서는 이러한 전기장 효과를 별도로 구별하기보다는 free energy를 구성하는 여러 개의 항들 중 하나로 취급한다고 한다. 이러한 발전된 모델링 기법은 이 책의 수준을 넘어서서 소개하지 않았으며, 관심 있는 독자들은 참고문헌 [4-1] 등을 참고하도록 하자.

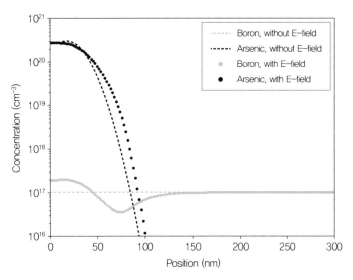

그림 4.7.2 실습 4.7.2의 결과. Semilog 그래프로 나타내었다. 온도는 1000 °C로 가정하였다. 10분 경과 후의 불순물 분포를 전기자 효과의 고려 유무에 따라 표시하였다. 이 결과는 2 nm와 10초의 간격을 가지고 계산하였다.

4.8 발전된 확산 시뮬레이션 기법들

지금까지, 4.3절부터 4.7절까지 다양한 물리적인 효과들을 고려하여 왔다. 그렇지만, 지금 까지의 논의는 모두, 불순물 원자(정확히는 이온화된 원자)가 실리콘 결정 내에서 확산해 간 다는 관점을 가지고 있다. 그러니까, 이 불순물 원자가 실제로 미시적으로 어떻게 이동하는 지에 대해서는 고려하지 않는 것이다. 그러나 4.2절에서 언급한 것과 같이, 원자 수준에서의 불순물 원자의 이동이 고려되어야 정확한 시뮬레이션이 가능할 것이다.

앞 절에서 다룬 간단한 모델은 1-stream 모델로도 불리는데, 기본적으로 식 (4.3.15)와 같은 Gaussian 분포를 만들어 낸다. 하지만 실리콘에서 불순물 원자들의 분포는 보통 exponential 함수와 같은 감소하는 (즉, Gaussian보다 더 꼬리가 긴) 형태를 보여주곤 한다. 이것은 불순물 원자가 계속 확산해 나가는 것이 아니라, 점 결함과 결합하여 어느 정도 이동한 후에는, 다시 점 결함과 분리되어 확산 현상에 참여하지 않기 때문이다. 이와 같은 확산 기작이 참고문헌 [4-2]에서 실험적으로 증명되었다.

이러한 사항들을 고려하여, 연구자들은 점차 복잡한 모델들을 개발해 왔다. 불순물 원자의 분포를 잘 조절하는 일이 반도체 공정 기술의 개발에 있어서 가장 중요한 문제들 중 하나였기 때문에 모델이 점차 복잡해지는 것을 감수하면서도 더 정확한 모델을 원했던 것이다. 이런 측면에서 substitutional 위치를 차지하고 있는 불순물 원자만이 아니라, interstitial 위치에 존재하는 실리콘 원자, 실리콘의 vacancy, 그리고 불순물 원자와 interstitial 실리콘 또는 실리콘 vacancy가 충분히 가까워져서 함께 이동하는 경우를 생각하여서, 총 다섯 가지 종류의 물리량들의 시간에 따른 변화를 다루는 모델(참고문헌 [4-3])이 널리 사용되고 있다. 이 모델이 고려하는 화학 반응들은 다음과 같다.

$$A + I \Leftrightarrow AI \tag{4.8.1}$$
$$A + V \Leftrightarrow AV \tag{4.8.2}$$

여기서 A는 substitutional 위치의 불순물 원자이며, I는 interstitial 실리콘, 그리고 V는 vacancy이다. 이 중에서, A 그 자체는 이동할 수 있는 방법이 없다고 생각한다. 그러니까, 실리콘 격자의 일부분으로 참여하고 있는 불순물 원자가 주변에 영향을 안 주면서 실리콘 격자의 다른 점으로 이동할 수는 없다는 것이다. 점결함이 전혀 없는 완벽한 실리콘 격자에 오직 불순물 원자 하나만 있는 경우라면, 이것이 다른 위치에서 다시 실리콘 격자에 참여하고자 한다면, 결국 최종 위치의 실리콘 원자가 자리를 비워줘야 하고, 이건 벌써 I와 V가 한 쌍 생겨난 것이다.

이렇게 자체로는 이동이 어려운 A를 생각하고, 대신 근처에 I나 V가 있다면, 이건 움직일 수 있다고 생각한다. 또한, I나 V는 그 자체로 이동이 가능할 것이다. Vacancy를 생각하면 쉽게 이해할 수 있을 것이다. 중간에 한 곳의 결합이 끊어져 있다면, 이 위치로 실리콘 원자가 이동하면 이걸 마치 vacancy가 원래 실리콘 원자가 있던 곳으로 이동한 것으로 볼 수 있는 것이다. 이와 같이 A는 못 움직이고 나머지 네 가지 상태들(I, V, AI, AV)은 움직인다고 하면, 각각의 농도의 시간 변화를 다음과 같이 쓸 수 있을 것이다.

$$\frac{\partial C_A}{\partial t} = -R_{A/I} - R_{A/V} + R_{AI/V} + R_{AV/I} + 2R_{AI/AV} \tag{4.8.3}$$

$$\frac{\partial C_I}{\partial t} = -\nabla \cdot \mathbf{F}_I - R_{A/I} - R_{I/V} - R_{AV/I} \tag{4.8.4}$$

$$\frac{\partial C_V}{\partial t} = -\nabla \cdot \mathbf{F}_V - R_{A/V} - R_{I/V} - R_{AI/V} \tag{4.8.5}$$

$$\frac{\partial C_{AI}}{\partial t} = -\nabla \cdot \mathrm{F}_{AI} - R_{A/I} - R_{AI/V} - R_{AI/AV} \tag{4.8.6}$$

$$\frac{\partial C_{AV}}{\partial t} = -\nabla \cdot \mathrm{F}_{AV} - R_{A/VI} - R_{AV/I} - R_{AI/AV} \tag{4.8.7}$$

물론 여기 등장하는 식들이 의미를 가지기 위해서는 네 개의 flux들과 여러 가지 알짜 recombination rate가 무엇인지를 알아야 할 것이다. 그러나 이들을 다 다루지 않고 그 의미에 집중해 보자. 먼저 flux들은, substitutional 불순물을 제외하고는 모두 확산해 나갈 수 있을 것이다. 여러 가지 물리적인 효과들을 고려할 수 있지만 기본은 확산 현상이다. 예를 들어, AI의 확산은 기본적으로는 다음의 꼴을 가지게 된다.

$$\mathrm{F}_{AI} \propto \nabla C_{AI} \tag{4.8.8}$$

여기에 온도나 전자 농도 등이 확산에 미치는 영향이 고려된다. 또한 여기서 알짜 recombination rate는 두 개의 서로 다른 물리량이 만나 결합하는 알짜 rate를 말하고 있다. 예를 들어 $R_{A/I}$ 는 불순물 원자와 interstitial 실리콘이 결합하여 AI로 표기된 함께 움직이는 쌍을 생성하는 비율이다. 물론 이 값이 양수면 AI 쌍이 생성되는 것이고, 반대로 이 값이 음수면 AI 쌍이 분해되어 각자 움직이게 되는 것을 말한다. 식 (4.8.3)부터 식 (4.8.7)까지의 식을 적절한 flux 표현식과 알짜 recombination rate들로 표현하면, C_A, C_I, C_V, C_{AI}, 그리고 C_{AV}에 대한 다섯 개의 식이 나타날 것이다. 이들을 함께 묶어서 풀어주면 확산 현상을 좀 더 미시적인 관점에서 기술할 수 있다. 이에 대한 내용들은 좀 더 전문적인 참고문헌들을 참고하자. 예를 들어 초기 문헌으로 참고문헌 [4-3]을 찾아볼 수 있다.

이온 주입 공정

5.1 들어가며

지금까지 다뤄왔던 산화 공정(제2장)이나 확산 공정(제3장)과는 다르게, 이온 주입 공정은 Monte Carlo 기법이 흔히 적용된다. 이러한 차이는 공정 자체가 가지고 있는 차이에서 기인하기도 하며, 동시에 우리가 관찰하고 싶어 하는 물리량의 차이와도 관계가 있다. 제5장에서는 이러한 Monte Carlo 기법을 이온 주입 공정에 도입해 본다.

5.2 이온 주입의 원리

이 절에서는 이온 주입의 원리를 간략하게 설명해 본다. 제4장에서 확산 공정을 다룰 때, 늘 처음에 불순물 원자의 분포가 정해져 있다고 생각하고, 이로부터 이들의 확산을 생각해 왔다. 즉, 어떤 방식을 통해 불순물 원자가 기판에 도입되었다고 생각한 이후, 이들의 행동을 기술하는 것이다. 바로 이 초기의 불순물 원자의 분포를 만들어 내는 것이 이온 주입 공정이다.

불순물 원자를 실리콘 기판에 넣는 방법이 꼭 이온 주입만 있는 것은 아니다. 불순물 원자를 포함한 층(예를 들어 산화막)을 실리콘 기판 위에 형성시킨 후, 높은 온도로 가열하여 불순물 원자가 실리콘 기판 쪽으로 확산하게 할 수 있다. 아니면 불순물 원자를 포함한 기체를 실리콘 기판에 노출시켜서 불순물 원자를 실리콘에 넣기도 한다.

이러한 방법들이 있지만, 불순물 원자를 실리콘 기판에 넣는 가장 중요한 공정으로 사용되는 것은 이온 주입 공정이다. 이온 주입 공정에서는 불순물 원자를 0.1 keV에서 1 MeV 정도 범위의 에너지를 가지도록 가속한 후, 이 가속된 불순물 원자를 반도체 기판에 부딪히게 한다. 가속된 불순물 원자는 운동에너지를 가지고 있어서, 부딪힌 반도체 기판의 결정 구조를 억지로 통과하여 기판 속에 자리 잡게 된다. 같은 에너지를 가지고 있는 이온이 여러 개 입사했을 때, 그들 각각이 경험하는 궤적은 무작위성(Randomness)를 가지고 있을 것이다. 그래서 최종적으로 이 이온들이 멈춘 위치는 하나의 값으로 나타나는 것이 아니라 분포로 나타내게 될 것이다. 즉, "이 이온을 이 에너지로 주입하면 주로 300 nm 근처에서 멈춘다."라고 말할 때, 이것은 모든 이온이 300 nm에서 발견된다는 것이 아니고, 최종 위치는 다 다를 수 있지만 많은 수의 시행을 거듭해서 통계를 내보면 평균적으로 300 nm 깊이가 나타난다는 것이다. 그러므로 평균적인 위치 말고도 그 분포가 얼마나 넓게 퍼져 있는지와 같은 정보도 필요할 것이다. 아무튼, 이온 주입 공정의 하나하나의 단위 시행들이 무작위성을 가지고 있기 때문에, Monte Carlo 방법으로 묘사하기에 아주 적합하게 된다.

그림 5.2.1은 주입 에너지를 80 keV로 고정한 후, 이온의 주입량을 바꾸어가면서 깊이 방향으로 원자들의 분포를 그려본 실험 결과이다. 속이 빈 기호로 나타난 것이 SIMS(Secondary Ion Mass Spectroscopy) 방법으로 측정한 실험 결과이며, 실선은 이것을 공정 시뮬레이션을 통해서 맞추어본 결과이다. 이 실험 결과에서도 알 수 있듯이, 가장 많은 원자들이 깊이 50 nm

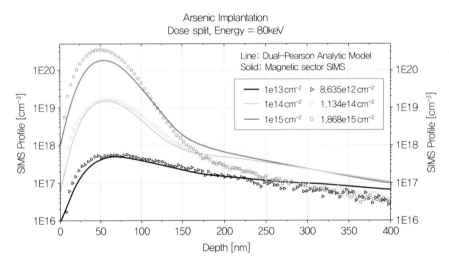

그림 5.2.1 이온 주입 공정 후 SIMS 프로파일. 속이 빈 기호로 나타난 것이 실험 결과이다. 박준성 박사(2021년 8월 광주과학기술원 박사 졸업)가 학위 기간에 대전에 소재한 나노종합기술원(NNFC)에 의뢰하여 확보한 결과이다.

근처에서 발견되지만, 원자들의 실제 분포는 상당히 넓게 퍼져있다. 따라서 분포를 묘사할 때, 실제 이온의 깊이 분포를 나타내기에 적합한 꼴이 필요할 것이다.

이온들의 궤적을 따라서 반도체 기판은 타격을 받게 되고, 나중에 고쳐주는 과정이 필요할 것이다. 이것은 어닐링(Annealing)이라 부르는 가열 과정을 통해서 수행한다. 이온 주입은 주입되는 불순물 원자의 수를 정확하게 조절할 수 있으며, 주입되는 이온의 에너지를 조절하여 투사 범위(Projected range)를 제어할 수 있는 장점이 있다.

이온 주입 공정은 연구용으로 주로 사용되다가 1970년대 말에 들어서 양산에 적용되기 시작하였다고 한다. 진공에서 동작하는 이온 주입 장비 내부에는 이온 공급기(Ion source)가 있다. 이 이온 공급기에서는 원하는 이온(예를 들면 B^+ 또는 BF_2^+)말고도 여러 가지 이온들이 생성되는데, 이렇게 잡다하게 생성된 이온들의 빔은 자석으로 이루어진 분류기를 거치면서 휘게 되는데, 우리가 사용하고 싶은 이온들만 슬릿을 통과할 수 있도록 조절한다고 한다. 이렇게 골라진 이온은 충분한 운동 에너지를 가지고 있지는 않을 것이다. 그래서 이 이온은 다시 가속기 안에서 가속하여 운동 에너지를 더해준다. 이 과정을 거쳐서 사용하고자 하는 운동 에너지를 가지게 된 불순물 이온들로 이뤄진 빔은, 중간에 중성 원자들을 거른 후 (중성 원자들은 전기장으로 궤적의 조절이 불가능하기 때문이다.) 기판으로 보내진다.

앞에서 이온 주입이 불순물 원자의 수와 투사 범위를 잘 제어할 수 있는 장점이 있다고 했는데, 주입된 이온의 숫자는 측정이 가능하다. 양전하를 띠고 있는 이온들이 이동하였으므로, 시간당 주입되는 이온의 숫자가 바로 전류에 비례하게 되며, 이 전류값을 시간에 대해서 적분하면 그 기간 동안 주입된 이온의 양으로 환산할 수 있다. 또한 이온 에너지에 따른 분포는 실험적으로 검증이 가능하다.

보통 주입되는 불순물 원자의 수는 단위 면적당으로 환산하여 표시하는데, 이 dose 값은 10^{11} cm^{-2}에서부터 10^{16} cm^{-2} 사이의 넓은 범위에 걸쳐져 있으며, 사용 목적에 맞추어서 알맞은 양을 선택해야 한다. 예를 들어 MOSFET의 소스/드레인 형성 같은 목적으로는 높은 dose를 낮은 에너지로 주입하여 표면 근처에 높은 불순물 원자 농도를 얻고자 할 것이다. 반면 좀 더 낮은 불순물 원자 농도를 깊은 깊이까지 원한다면, dose를 낮추고 에너지를 높여서 사용하게 될 것이다.

지금까지 간략하게 이온 주입 공정에 대해서 설명해 보았는데, 결국 중요한 것은 불순물 원자의 분포일 것이며, 공정 시뮬레이션이 활약할 수 있는 것도 바로 이 지점일 것이다. 다음 절에서는 주입된 이온의 분포에 대한 해석적인 식들을 다루어 보기로 하자.

5.3 주입된 이온의 분포에 대한 해석적인 식들

앞의 5.2절에서 다룬 것처럼, 주입된 이온은 딱 하나의 깊이에 정렬되지 않고 분포를 가지게 된다. 이 분포를 잘 나타낼 수 있는 함수를 제안하고 이 함수에 들어가는 파라미터 값들을 실험 조건에 대해 테이블로 만드는 것이 초창기 공정 시뮬레이션의 역할이었다.

가장 간단한 모델은 물론 Gaussian 분포일 것이다. 제4장에서 우리는 이미 이러한 Gaussian 분포를 초기 불순물 원자 분포로 생각하고 확산 공정을 시뮬레이션한 바 있다. 제4장에서는 명시적으로 쓰지 않았지만, Gaussian 분포는 다음과 같다.

$$C_{Gaussian}(x) = C_{peak} \exp\left[-\frac{(x - R_p)^2}{2(\Delta R_p)^2} \right] \tag{5.3.1}$$

여기서 R_p는 앞서 언급했던 투사 범위이며, ΔR_p는 표준편차이다. 이 분포는 위치 R_p에서 최댓값인 C_{peak}를 가진다. 이 불순물 원자의 농도(cm^{-3} 차원)를 깊이 방향으로 적분하면 dose에 해당하는 값(cm^{-2} 차원)을 얻을 수 있다. Dose를 Q라고 쓰면, Gaussian 분포의 적분으로부터 다음의 관계식을 쉽게 얻을 수 있다.

$$Q = \int_{-\infty}^{\infty} C_{Gaussian}(x)dx = C_{peak}\sqrt{2\pi}\,\Delta R_p \tag{5.3.2}$$

따라서 Q와 ΔR_p가 주어지면 C_{peak}를 계산할 수 있고, 이를 바탕으로 불순물 원자의 Guassian 분포를 그릴 수 있다. 매우 간단한 다음의 실습을 해보자. 이 실습은 특별히 수치해석을 하는 것이 아니며, 단지 그림을 그려보는 것이다.

실습 5.3.1

비소를 80 keV로 주입하면 R_p와 ΔR_p가 56.1 nm과 22.0 nm라고 한다. Dose가 $10^{15}\ cm^{-2}$라고 할 때, Gaussian 분포를 가정하고 깊이의 함수로 $C_{Gaussian}(x)$를 그려보자.

그림 5.3.1은 실습 5.3.1의 결과를 보이고 있다. C_{peak}의 값이 $1.81 \times 10^{20}\ cm^{-3}$로 주어지므

로, 그림을 그리는 것은 그다지 어렵지 않을 것이다. 그림 5.2.1의 실험 결과와 비교해 보면, R_p의 값은 대략 비슷하게 얻어진다는 것을 확인할 수 있다.

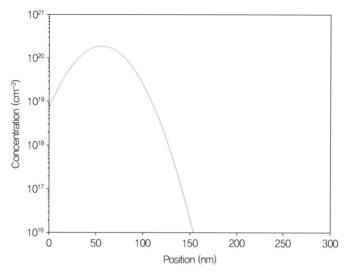

그림 5.3.1 실습 5.3.1의 결과. 주어진 R_p와 ΔR_p, 그리고 계산한 C_{peak}를 이용하면 손쉽게 Gaussian 분포를 그릴 수 있다.

간단한 Gaussian 함수를 가정하여 얻어진 그림 5.3.1은 그림 5.2.1의 실험 결과와 아주 잘 맞지는 않는데, R_p를 기준으로 이보다 얕은 위치와 더 깊은 위치에서의 비대칭성이 눈에 들어온다. 아주 깊은 쪽에 분포하고 있는 불순물 원자들(Dose의 변화에 둔감하다.)을 고려하지 않더라도, R_p 근처의 모양만 보아도 더 깊은 위치로 치우친 양상을 파악할 수 있다. 이러한 치우침은 어떤 상황이냐에 그 양상이 다르다고 한다. 예를 들어서, 참고문헌 [5-1]은 BF_2^+를 pre-amorphization(원하는 이온 주입 전에 미리 실리콘 이온들을 주입하여 비정질화)한 실리콘 기판에 사용할 경우에는 치우침이 크지 않아 Gaussian도 불순물 원자 분포를 잘 묘사할 수 있다고 밝히고 있다. 반면 결정질 실리콘 기판에 B^+이나 BF_2^+를 주입할 경우에는 오히려 얕은 위치 쪽으로 치우친 분포가 얻어진다고 한다.

따라서 다양한 이온들에 대한 실험적인 결과를 묘사하는 분포 함수로 Gaussian 함수는 그다지 적합하지 못하다. 그래서 다른 분포 함수를 가지고 불순물 원자의 분포를 나타내고자 하는 연구가 계속되었다. 한 가지 고려해야 할 사항이 또 있는데, 채널링(Channeling) 현상이다. 결정질 실리콘 기판을 특정 방향에서 바라보면, 실리콘 원자들의 규칙적인 배열에 의해서 어떤 입사 방향에서는 불순물 원자의 이동을 막을 실리콘 원자가 없을 수 있다. 이런 방향으로 입사한 불순물 원자의 경우에는 보통의 경우보다 훨씬 더 깊은 위치에 존재하게 될 것이다.

즉, Gaussian 분포는 C_{peak} 근처에서의 비대칭성과 채널링 현상을 잘 묘사하기 어렵기 때문에, 여러 가지 방법들이 제안되었다. 이러한 노력들은 결국 double Pearson 모델의 형태로 수렴되었다. 참고문헌 [5-2]를 보면 두 개의 Pearson 모델을 쓰면 전체 범위에서의 분포를 잘 맞출 수 있다는 것을 보고하고 있다. 이 모델에서 불순물 분포는 다음과 같은 형태로 나타난다.

$$C(x) = Q_{head} f_{head}(x) + Q_{tail} f_{tail}(x) \qquad (5.3.3)$$

여기서 f_{head}와 f_{tail}은 각각 C_{peak} 근처의 불순물 분포(Head)와 깊은 위치 근처의 불순물 분포(Tail)를 나타내기 위한 정규화된 Pearson 함수이다. 또한 Q_{head}와 Q_{tail}은 각각의 dose이다. f_{head}와 f_{tail}이 깊이 방향으로 적분하면 차원이 없는 숫자 1이 나오도록 설정되어 있으므로, 식 (5.3.3)의 우변은 단위 부피당 원자수를 잘 나타내고 있다. 하나의 Pearson 함수를 쓰면 head 부분만 맞추게 되므로, 채널링 현상에 의한 tail 부분을 맞출 수 없으니, Pearson 함수를 하나 더 추가하여서 맞춰보자는 발상이다.

이상의 논의에서 갑자기 등장한 Pearson 함수가 무엇인가? 좌표인 y를 $x - R_p$로 쓰면, Pearson 함수는 다음 미분방정식을 만족한다.

$$\frac{d}{dy} f(y) = \frac{y - b_1}{b_0 + b_1 y + b_2 y^2} f(y) \qquad (5.3.4)$$

여기서 b_0, b_1, b_2는 모두 정해진 계수들인데, 다음과 같은 관계들로 얻어진다고 한다.

$$b_0 = -\frac{(\Delta R_p)^2 (4\beta - 3\gamma^2)}{10\beta - 12\gamma^2 - 18} \qquad (5.3.5)$$

$$b_1 = -\frac{\gamma \Delta R_p (\beta + 3)}{10\beta - 12\gamma^2 - 18} \qquad (5.3.6)$$

$$b_2 = -\frac{2\beta - \gamma^2 - 6}{10\beta - 12\gamma^2 - 18} \tag{5.3.7}$$

똑같이 b에 아래첨자를 붙인 기호를 가지고 있지만, 이 세 개의 값들은 모두 차원이 다름을 유의하자. 또 새로운 기호들인 γ(Skewness라고 한다.)와 β(Kurtosis라고 한다.)가 등장하였는데, 이들은 $C(x)$를 묘사하는 양들이다. 이미 평균($x - R_p$의 평균값은 0이다. 즉, x의 평균값은 R_p다.)과 분산(이것은 $x - R_p$의 제곱에 관련된다.)을 구했는데, 이것 말고, $x - R_p$의 세제곱(γ와 관련된다.)이나 네제곱(β가 관련된다.)을 차원이 없는 수로 표시한 것이다. 차원을 제거하는 방법은 ΔR_p의 세제곱이나 네제곱으로 나누어준다. 다행스럽게도 이 두 파라미터들 역시 테이블로 주어져서 알려진 값으로 취급해도 된다. 한 가지, 유의하여야 할 점은 이 kurtosis라는 이름으로 두 가지 의미가 사용되고 있다는 것이다. 위의 식들에서 사용되는 kurtosis는 바로 위에서 설명한 것처럼 $x - R_p$의 네제곱의 평균값과 관련된 것인데, 흔히 반도체 공정 시뮬레이션 문헌들의 테이블은 여기서 3을 뺀 값(Kurtosis excess)을 표기하곤 한다. 즉, 어떤 문헌에서 kurtosis가 4.13이라고 말한다면, 이것이 우리가 사용하는 의미로 4.13인지, 아니면 kurtosis excess를 나타내고 있어서 우리가 사용할 때는 7.13인지를 파악해야 하는 것이다. 물론 이 책에서 제시하는 값들은 kurtosis excess가 아니므로, 그대로 β로 놓고 계산해 주면 된다.

식 (5.3.4)의 유도 과정을 여기서 다루기에는 저자의 능력이 부족한 것 같으며, 이 식이 만드는 결과만 살펴보기로 하자. 즉, 어떻게 해서 ΔR_p, γ, β로부터 b_0, b_1, b_2에 대한 식 (5.3.5)부터 식 (5.3.7)이 나오게 되는지를 다루지 않고, 일단 이렇게 얻어진 식 (5.3.4)가 맞다고 생각하고 이것이 묘사하는 상황을 살펴보는 것이다. 식 (5.3.4)는 $\frac{d}{dy}f(y)$와 $f(y)$ 사이의 관계를 묘사하고 있는데, 만약 Gaussian 분포를 대입한다면, 다음과 같은 관계식을 얻게 된다.

$$\frac{d}{dy}C_{Gaussian}(y) = \frac{y}{-(\Delta R_p)^2}C_{Gaussian}(y) \tag{5.3.8}$$

여기서는 두 값을 연결하는 계수가 단순히 y에 비례하는 형태로 나타난다. 그러니까, 식 (5.3.4)는 계수를 좀 더 일반화하여 Gaussian보다 좀 더 다양한 모양을 만들 수 있는 여지를 둔 것이다. 비교를 위해, 일정한 ΔR_p, γ, β에 대해서 $\dfrac{y}{-(\Delta R_p)^2}$와 $\dfrac{y-b_1}{b_0+b_1 y+b_2 y^2}$를 그려

본 결과가 그림 5.3.2에 나타나 있다. 절댓값으로 그렸으므로, 이 값이 크면 클수록 semilog 스케일로 그린 불순물 원자의 분포가 급격하게 바뀔 것이다. 현재의 Pearson 결과를 Gaussian 과 비교해 보면, 최대점이 나타나는 위치가 약 3.7 nm 정도 이동하였으며, 최고점에서 수십 nm 깊이 들어간 위치에서는 Guassian보다 완만하게 분포가 줄어들 것이라는 점을 알 수 있 다. 반면, 이보다 얕은 부분에서는 더 큰 함숫값을 가지고 있으므로, 더 급하게 줄어들 것임 을 알 수 있다. 다시 말하면, Pearson 함수를 사용하면, 최댓값이 나타나는 위치와 평균 깊이 의 차이, 최댓값이 나타나는 위치 좌우의 비대칭성을 고려할 수 있다.

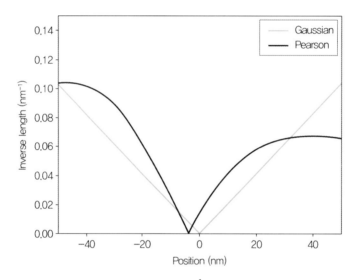

그림 5.3.2 y 값에 대해 그려본 $\dfrac{y}{-(\Delta R_p)^2}$와 $\dfrac{y-b_1}{b_0+b_1 y+b_2 y^2}$. 절댓값들을 그렸으며, 값이 0이 되는 지 점 기준으로 왼쪽은 양, 오른쪽은 음의 부호를 가진다. 이 계산을 위해서, ΔR_p는 22.0 nm로 두었으며, γ 와 β(Kurtosis excess가 아님을 유의하자.)는 각각 0.765와 7.13으로 두었다.

식 (5.3.4)의 미분방정식을 만족시키는 함수를 Pearson 함수라고 하는데, 등장하는 계수들 의 조건에 따라 여러 가지 종류가 있다고 한다. 이 책에서 Pearson 함수라고 부르는 것은 그 중에서 Pearson IV 함수라고 불리는 것인데, 다음과 같은 형태를 가지고 있다.

$$f(y) = K \left| b_0 + b_1 y + b_2 y^2 \right|^{\frac{1}{2b_2}} \exp\left[\frac{2b_2 b_1 + b_1}{b_2 \sqrt{4b_2 b_0 - b_1^2}} \operatorname{atan}\left(\frac{2b_2 y + b_1}{\sqrt{4b_2 b_0 - b_1^2}} \right) \right] \qquad (5.3.9)$$

생각보다 복잡한 함수의 모양을 가지고 있지만, 주어진 함수를 이용하여 점마다 값을 배정하는 일은 단순한 작업이 될 것이다. 여기서 비례상수인 K는 깊이 방향으로 적분하면 차원이 없는 숫자 1이 나오는 조건을 만족하도록 도입된 것이다. 이에 대한 해석적인 식도 존재하지만, 간단한 수치적분을 수행하면 되므로 소개하지 않고 넘어가도록 하자.

실습 5.3.2

비소를 80 keV로 주입하면 R_p와 ΔR_p가 56.1 nm과 22.0 nm라고 한다. Pearson 분포를 가정하고 깊이의 함수로 $f(x)$를 그려보자. 이를 위해서는 추가로 두 개의 파라미터들이 필요한데, γ와 β는 각각 0.765와 7.13이라고 하자. 편의상, K는 1로 놓고 식 (5.3.4)의 함수를 그대로 그려보자.

실습 5.3.2를 수행한 결과가 그림 5.3.3에 나타나 있다. 예상한 것처럼, 최댓값은 R_p가 아니라 이보다 약 3.7 nm 정도 이동한 곳에서 나타나며, 그림의 왼쪽과 오른쪽의 비대칭성도 명확하게 볼 수 있다. 물론 이 결과는 깊이 방향으로 적분하여 1이 되어야 한다는 조건을 만족

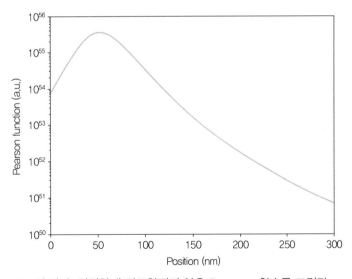

그림 5.3.3 실습 5.3.2의 결과. 적절하게 정규화되지 않은 Pearson 함수를 그렸다.

하고 있지 않기 때문에, 이에 대한 적절한 정규화가 필요할 것이다.

실습 5.3.2에서 고려한 것은 head에 해당하는 분포이다. Tail에 해당하는 또 다른 Pearson 함수를 그려보는 일을 실습 5.3.3에서 해보자. 단순히 파라미터들만 바꾸어 주는 것이므로, 바로 결과를 얻을 수 있을 것이다.

실습 5.3.3

비소를 80 keV로 주입했을 때, tail과 관련된 Pearson 분포를 그려보자. 이때에는 R_p와 ΔR_p가 69.4 nm과 39.9 nm라고 한다. 또한 γ와 β는 각각 3.39와 45.1이라고 하자. 편의 상, K는 1로 놓고 식 (5.3.4)의 함수를 그대로 그려보자.

그림 5.3.3은 실습 5.3.3의 결과를 보이고 있다. 역시 정규화가 되지 않았으므로, 그림 5.3.2 와 그림 5.3.3의 함숫값들을 서로 비교하는 것은 의미가 없을 것이다. 그러나 300 nm 위치에 서 head 분포는 최댓값보다 10^4배 이상 작은 값을 보이지만 tail 분포는 10^3배만큼도 차이가 나지 않는 것을 보면서, R_p, ΔR_p, γ, β 네 가지 파라미터의 변경을 통해서 다양한 분포를 만들어 낼 수 있음을 확인할 수 있다.

이렇게 각각 얻은 두 개의 Pearson 함수는 정규화를 한 후, 식 (5.3.3)에 따라서 각각의 dose

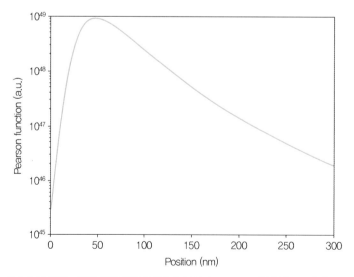

그림 5.3.4 실습 5.3.3의 결과. 적절하게 정규화되지 않은 Pearson 함수를 그렸다.

만큼 곱해서 전체 분포를 만들어 준다. 물론 전체 dose가 주어질 때 얼마만큼 head 분포를 가지고 나머지는 tail 분포를 가질지는 그냥 알기는 어렵고 테이블의 도움을 받아야 한다. 테이블에서 찾은 가중치를 가지고 두 Pearson 함수를 더해 보면, 흔히 double Pearson 모델에서 구하는 것과 유사한 불순물 원자 분포를 구해볼 수 있을 것이다.

5.4 Monte Carlo 기법

이제 독자들은 이온 주입 공정은 double Pearson 함수를 잘 맞추어진 파라미터를 가지고 고려한다는 사실을 알게 되었다. 물론 물질이 여러 가지가 존재하는 등의 일이 생기면 또 고려해야 하는 일들이 생긴다.

위와 같이 해석적인 방식으로 주입된 이온의 분포를 고려하면, 이온 주입 시뮬레이션은 매우 손쉽게 끝이 날 것이다. 그러나 최근에는 소자가 매우 작아짐에 따라 이러한 해석적인 방식에 따른 예측이 실패하는 경우가 많아지고 있다. 실험적인 상황들은 균일한 구조에 넓은 면적으로 이온 주입을 하고 특정 방향으로 불순물 원자의 분포를 SIMS와 같은 방식으로 측정하는 것인데, 이런 방식을 복잡한 구조를 가지고 있는 경우에 모두 적용하기란 쉽지 않을 것이다. 또한 소자 구조를 설계하는 단계에서는 실험적으로 결과를 얻기 쉽지 않을 수 있으므로, 역시 더 좋은 시뮬레이션 방법론에 대한 필요가 생기가 된다.

이런 측면에서, 이온 주입에서는 Monte Carlo 기법이 널리 쓰이게 된다. 이 방법을 사용하면, 복잡한 구조에 대한 시뮬레이션도 어려움 없이 수행할 수 있다. 이번 절에서는 Monte Carlo 기법 자체에 대한 설명과 실습을 제시한다.

먼저 Monte Carlo 기법이 무엇인지부터 이야기하도록 하자. 이 기법의 이름은 Monte Carlo라는 도시의 이름으로부터 나왔는데, 이 도시는 카지노로 유명하다고 한다. 즉 Monte Carlo 하면 사람들에게 제일 먼저 떠오르는 이미지가 도박인 것이다. 도박에서는 난수(Random number)의 발생이 흔히 사용되므로, 이런 방식으로 Monte Carlo라는 도시 이름으로부터 난수 발생을 연상했다고 한다. 그래서 난수 발생을 통해 정해진 문제를 풀어주는 시도들을 Monte Carlo 기법이라고 부르게 되었다고 한다.

이 책에서는 Monte Carlo 기법을 이온 주입 공정에 주입하는 것을 다룰 예정이지만, Monte Carlo 기법은 매우 다양한 문제들에 적용이 가능하다. Monte Carlo 기법이 반도체 공정에 사용되는 한 가지 예로는, e-beam lithography의 시뮬레이션이 있을 수 있다. 짧은 파장의 빛 대신 전자빔을 쐬어서 미세한 패터닝을 수행하는 e-beam lithography는, 마치 한 붓 그리기를 하듯이 전자빔의 위치를 바꾸어가며 진행되기 때문에 대량 생산에는 적합하지 않을 수 있다. 그러나 생성되는 패턴의 폭을 미세하게 만들 수 있어서, 연구용으로 많이 활용되어 왔다. 이때, 전자들의 움직임(특히 물질 내부에서의 산란)을 잘 이해해야 얻어지는 패턴의 모양을 정확하게 예측할 수 있으므로, 이런 전자들의 움직임을 Monte Carlo 방법으로 예측하곤 한다. 이 밖에도 다양한 반도체 공정 시뮬레이션에 Monte Carlo 방법이 사용될 수 있는데, 기본적으로 Monte Carlo 방법은 주어진 시스템의 지배방정식을 풀어주는 기법이기 때문이다.

공정 시뮬레이션이 아닌 분야에서도 Monte Carlo 기법은 널리 활용되고 있다. 이 책의 범위는 아니지만, Monte Carlo 기법에 대한 이해를 넓히기 위해 소개해 본다. 반도체 소자 시뮬레이션에서도 Monte Carlo 기법이 널리 활용되는데, 이 분야에서는 전자/홀에 대한 수송방정식인 Boltzmann 수송 방정식을 풀어주는데 활용된다. Boltzmann 수송 방정식이 실공간과 운동량(Momentum) 공간을 합친 위상 공간(3차원 소자라면 위상 공간은 6차원이 된다.)에서의 방정식이다 보니, 제한된 계산 능력을 가지고 이 넓은 공간을 다루는 것은 어렵다. 이러한 문제를 극복하기 위해서 전자/홀의 움직임을 물리적인 방정식에 따라 모사하면서, 중간중간 나타나는 산란(Scattering) 현상을 난수를 활용하여 모델링하는 것이다.

범위를 더 넓혀도, Monte Carlo 기법은 찾아볼 수 있다. 예를 들어서, 회로 설계자들도 Monte Carlo 기법을 활용한다. 설계한 회로 안에 성능이 좋은 소자(예를 들어, 문턱 전압이 낮아서 ON 전류가 많이 흐르지만 누설 전류 역시 큼)와 성능이 낮은 소자(예를 들어, 문턱 전압이 높아서 ON 전류는 작지만 누설 전류도 작음)가 무작위로 섞여 있을 수 있다. 이러한 경우들을 고려하여, 설계는 동일하지만 구성하고 있는 소자들의 성능이 제각각인 회로들을 여러 개 만들고, 이들 각각에 대해 회로 시뮬레이션을 수행하는 것이다. 보통 회로 설계를 할 때에는 회로를 구성하고 있는 소자의 성능을 그 평균값으로 생각하고 설계하게 되는데, 구성하는 소자들의 성능이 평균값에서부터 조금씩 벗어나더라도 정상 동작하는 것이 좋은 설계일 것이다. 그래서 회로 설계자들의 Monte Carlo는 설계가 얼마나 소자의 변이에 대해 강건하게 버틸 수 있는지를 확인하기 위해 수행된다.

전자공학의 범위를 벗어나서, 자연과학의 영역에서도 Monte Carlo 기법이 사용된다고 한다. 여러 개의 입자가 있는 계에 대해서 슈뢰딩거 방정식의 해를 구할 때에도 Monte Carlo 기법이 적용되어, 이 분야는 quantum Monte Carlo라고 불린다.

이상의 논의를 통해, Monte Carlo 기법이 다양한 분야에 적용되는 일반적인 기법임을 충분히 이해할 수 있을 것이다. 이번 절에서는 이러한 물리적인 응용을 생각하지 말고, 단지 Monte Carlo 기법을 수치해석적으로 연습해 보기로 하자.

그림 5.4.1에서는 한 가지 예로 숫자 5처럼 생긴 영역을 보이고 있다. 이 영역을 직사각형들과 평행사변형들로 나누어서 면적을 구해 보면, 정확한 해인 137.5 nm^2을 얻게 된다. 이 면적을 Monte Carlo 기법을 통해서 구해보도록 하자.

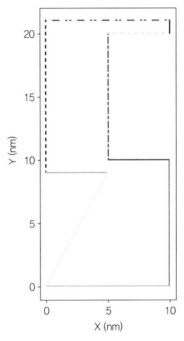

그림 5.4.1 숫자 5 모양을 가지고 있는 영역. 이 영역의 면적은 137.5 nm^2이다.

이를 위해서 먼저 다음과 같은 bounding box를 도입하자. 구하고자 하는 영역을 모두 포함하고 있는 상자이다. 한 가지 예로, 620 nm^2의 면적을 가지고 있는 bounding box를 설정한 경우가 그림 5.4.2에 나타나 있다.

그럼, 우리가 이 bounding box 안에 무작위로 점을 하나 찍었을 때, 그 점이 숫자 5같이 생긴 영역 안에 존재할 확률은 어떻게 될까? 단순히 면적의 비율이 내부에 포함될 확률이 될 것이므로, 137.5 / 620인 0.22177이 아무렇게나 찍은 한 점이 영역에 포함될 확률이 된다. 물론 이렇게 확률을 계산할 수 있는 것은 우리가 영역의 넓이를 알고 있으니 가능한 것이고, 실제로는 영역의 면적을 알지 못한다. 그러니, 거꾸로 생각하여서, 여러 개의 점들을 만들어서 영역 안에 들어가는 비율을 구해 보면, 이로부터 역으로 영역의 면적을 추산할 수 있게

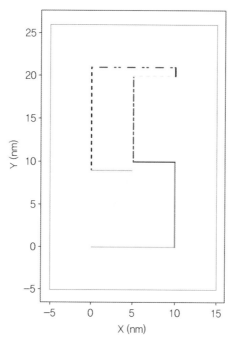

그림 5.4.2 그림 5.4.1의 영역을 포함하는 bounding box. 이 bounding box의 면적은 620 nm²이다.

된다.

이와 같은 생각으로, 100개의 점들을 생성해 본 결과가 그림 5.4.3에 나타나 있다. 이 특정한 예에서는, 20개의 점들이 내부에 들어간다. 그러니, 이로부터 영역의 면적을 예상해 본다면, 620 nm²에 20/100을 곱한 124 nm²가 될 것이다. 이 124 nm²과 정확한 답인 137.5 nm²는 분명 차이가 있다. 또한 동일한 100개의 점들을 생성할 경우에도, 어떤 때에는 영역 내부에 들어가는 점의 수가 20개일 수도 있고, 어떤 때에는 24개일 수도 있을 것이다. 이로부터 Monte Carlo가 완벽한 해를 줄 수는 없음을 이해하게 된다.

그러나 더 많은 점을 생성할 때에는 이러한 단점이 줄어들 수 있다. 그림 5.4.4는 점들을 하나씩 더 생성해 가면서 그때마다 비율을 구해본 결과를 나타내고 있다. 즉, 100개의 점이 있을 때 이것을 가지고 전체 100개의 점들 중에 내부에 있는 점의 비율을 구한 후, 한 개의 점을 더 생성한 후에 전체 101개의 점들 중의 내부 점의 비율을 구한 것이다, 작은 수의 점들이 생성되었을 때에는 그 결과가 크게 바뀌며 신뢰하기가 어렵지만, 점들의 개수가 늘어남에 따라 점차 안정화되면서 22 %에 접근하는 것을 알 수 있다. 따라서 충분한 점을 생성한다면 올바른 결과를 얻을 수 있다.

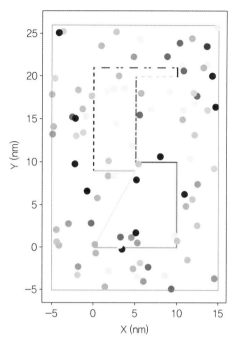

그림 5.4.3 무작위로 생성된 100개의 점들. 물론 이것은 한 가지 예이므로, 다시 한번 똑같이 100개의 점들을 생성하더라도 점들의 배치는 다 달라질 것이다.

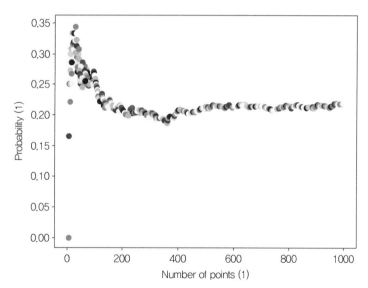

그림 5.4.4 생성된 점의 개수에 따른 내부 점의 비율. 많은 수의 점들이 생성될 때에는 올바른 값인 22 %로 접근해 간다.

여기서 독자들 중에 다음과 같은 생각을 하는 이도 있을 수 있다. "만약 우리가 많은 수의 점을 사용하는 것이 Monte Carlo 기법에서 필요하다면, 그냥 영역을 균일하게 나누어서 점을 배정하고 이것의 내부/외부를 판단하는 것과 무엇이 다른가?" 이 질문은 상당히 타당할 수 있는데, 다음과 같은 그림 5.4.5의 반례를 들어본다. 이 그림에 나타난 패턴이 수평 및 수직 방향으로 여러 개 펼쳐져 있다고 생각해 보자. 그럼, 이런 상황에서 Monte Carlo 기법을 적용한다면, 25 %에 가까운 값을 얻을 수 있을 것이다. 그러나 만약 우리의 격자의 주기가 이 문제 자체의 주기와 일치할 경우에는, 많은 수의 점을 도입하더라도 비율 0 %나 100 %가 얻어질 수도 있다. 즉, 난수 발생을 통해서 문제 내부에 존재할 수 있는 특정한 패턴을 회피할 수 있는 것이다.

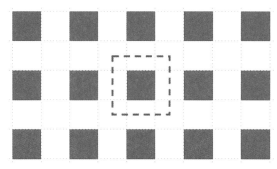

그림 5.4.5 내부/외부를 판단하는 또 다른 예. 그림에서는 3×5의 도형 배치만 보였지만, 이러한 패턴이 훨씬 넓게 펼쳐져 있다고 생각한다. 이 예에서는 문제 자체에 이미 정해진 내부적인 질서가 있다.

이제 실습을 통해, 앞에서 다룬 내용을 직접 구현해 보도록 하자. 이 실습을 하기 위해서는 어떤 점이 영역의 내부에 있는지 외부에 있는지를 확인하는 기능이 필요할 것이다. 이러한 기능은 언뜻 이 책의 주제와 전혀 관계없는 기능으로 보일 수 있으나, 제6장에서도 중요하게 사용되는 기능이다. 따라서 먼저 영역의 내부와 외부를 판단하는 기능을 구현해 보자.

실습 5.4.1

사용자가 2차원 평면상의 점들의 리스트를 준다고 생각하자. 그럼 이걸 읽어 들여서, 이들로부터 영역을 생성하자. 영역을 생성하는 방법은, 점들의 리스트에서 서로 앞뒤로 있는 점들끼리 선분을 구성한다고 생각하는 것이다. 마지막 점은 다시 첫 번째 점과 연결되어서, 닫힌 영역을 만들게 된다. 물론 이렇게 생긴 영역들은 중간에 서로 만나지 않아야 한다는 조건이 필요할 것이고, 이건 사용자가 올바르게 입력해 준다고 가정하자. 사용자가 정해준 임의의 한 점이 영역의 내부에 있는지 외부에 있는지 판단하는 프로그램을 작성하자.

이러한 일을 수행하는 알고리즘은 몇 가지가 알려져 있다. 어느 방법이나 동작하는 방식으로 구현하면 될 것이다. 한 가지 방법을 소개하면, 외각의 합이 360도가 된다는 점을 사용하여 외각의 합을 모두 구한 후, 이것이 360도나 혹은 이에 근사하면 내부라고 판단하는 알고리즘이다. 이 밖에도 선을 그어서 경계를 통과하는 횟수의 홀짝을 통해서 결정하는 방법도 있다. 실습 5.4.2의 결과는 시각적으로 명확하기 때문에, 검증은 독자들이 직접 할 수 있을 것이다. 어떤 방식으로 구현하더라도, 이제 영역의 내부/외부를 판단할 수 있게 되었다면, 그림 5.4.3에 나타난 것처럼 bounding box를 설정해 보자. 그리고 정해진 숫자만큼 점들을 생성해서 내부에 위치하는 점들의 비율을 구해보자. 이러한 내용이 실습 5.4.2에 나타나 있다.

실습 5.4.2

실습 5.4.1의 프로그램을 수정하자. 영역을 포함하는 bounding box를 자동으로 생성한 후, 난수 생성을 통해 면적에 대한 예상값을 생성하는 프로그램을 만들어 보자. 즉, 사용자가 해야 하는 일은 오직 점들의 리스트를 제공하는 것이고, 나머지는 프로그램이 알아서 계산하는 것이다.

실습 5.4.2를 수행한 결과는 그림 5.4.3과 그림 5.4.4에서 이미 보였으므로, 여기서 다시 반복하지 않는다.

5.5 Monte Carlo 기법의 적용 예

앞 절을 통해서 Monte Carlo 기법에 대한 설명을 하고 이온 주입 공정과는 관계없는 문제에 적용해 보았다. 이번 절에서는 Monte Carlo 기법을 이온 주입 공정에 적용해 보자.

아주 간단한 모델을 다루도록 하자. 1차원 구조를 생각하고 실공간을 0.25 nm 간격으로 균일하게 나누어 보자. 초기 지점에서 30 keV의 에너지를 가지고 이온이 입사한다고 생각하자. 0.25 nm에 해당하는 간격을 이동할 때마다, 산란(Scattering)이 일어날지 안 일어날지를 결정하자. 여기서 산란이란 불순물 원자가 주변의 다른 물리적인 실체와 상호작용하여 자신의 운동 궤적에 영향을 받는 사건을 뜻한다. 여기에는 여러 가지 물리적인 이유가 있을 수 있다. 일단 여기서는 만약 산란이 일어나면, 이에 따라 이온이 자신이 원래 가지고 있던 에너지의 40 %를 잃어버린다고 가정하자. 즉, 30 keV의 이온이 한 번 산란을 일으키면 그 에너지가 18 keV가 되는 것이다. 이 이온이 한 번 더 산란을 경험하면 10.8 keV가 될 것이다.

산란의 확률은 다음과 같은 매우 간단한 모델로 결정된다고 하자.

$$P(E) = \frac{0.75\,\mathrm{keV}}{E} \tag{5.5.1}$$

예를 들어, 초기에 30 keV의 에너지를 가지고 있다면, 이 산란 확률 모델에 따르면 2.5 %의 확률로 산란이 일어나게 된다. 에너지가 18 keV로 바뀌면 이 확률은 4 %가 넘는 값으로 바뀐다. 점점 에너지를 잃어가는 과정에서 더 높은 확률로 산란이 일어나게 된다. 에너지가 1 keV 이하로 떨어지게 되면 거기서 멈춘다고 생각한다.

이 모델은 무척 간단하지만 중요한 특징 두 가지를 고려하고 있다. 하나는 산란에서 잃어버리는 에너지가 이온의 에너지에 관계된다는 점이다. 다른 하나는 산란의 확률도 이온의 에너지에 관계된다는 것이다. 이 두 가지 점을 나중에 더 좀 더 개선하게 되면 보다 물리적인 묘사를 할 수 있을 것이다.

실습 5.5.1 ———————————————————————————

앞에서 묘사한 간단한 이온 주입 모델을 직접 구현해 보자. 1,000개, 10,000개 그리고 100,000개의 이온들을 생성해서 이들이 멈추는 위치를 기록하자. 그리고 0.25 nm 간격에 들어있는 이온의 개수를 nm^{-1} 단위로 표시해 보자. 이 값은 적분하면 1개의 이온이 나오도록 정규화한다.

그림 5.5.1은 실습 5.5.1을 1000개의 이온들에 대해서 수행한 결과를 보이고 있다. 상대적으로 작은 수의 이온이 고려된 이 경우에는, 그 분포가 들쑥날쑥하다는 것을 알 수 있다. 예를 들어서, 결국 최고점에서의 값은 얼마인가? 0.07 nm^{-1}인가? 결과로는 이렇게 보이지만, 이것이 무작위성 때문에 그런 것인지 아닌지는 알기가 어렵다.

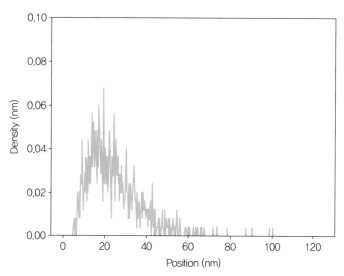

그림 5.5.1 실습 5.5.1을 수행한 결과. 1,000개의 이온들을 고려하였다. 이 경우에는 그 결과가 들쑥날쑥하여, 심지어 최고점에서의 값도 확실히 말하기가 어렵다.

하지만 더 많은 이온들을 고려하는 경우, 더 부드러운 이온 분포를 얻을 수 있다. 그림 5.5.2는 동일한 실습을 백 배 많은 100,000개의 이온들을 고려하여 수행한 결과이다. 이제 최고점이 약 20 nm 깊이에서 나타나고, 그곳에서의 농도는 약 0.04 nm^{-1}임을 확인할 수 있다. 이때의 분포를 보면, 최고점이 나타나는 점 이후로 긴 꼬리가 보인다.

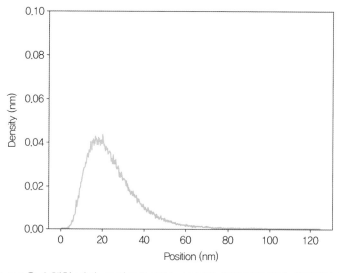

그림 5.5.2 실습 5.5.1을 수행한 결과. 그림 5.5.1과는 다르게 100,000개의 이온들을 고려하였다. 이 경우에는 꽤 부드러운 결과를 얻을 수 있다.

위의 실습은 Monte Carlo 방법의 장점과 단점을 동시에 잘 나타내고 있다. Monte Carlo에서 우리는 하나하나의 기본적인 사건들에 대한 발생 확률을 정해주는데, 이 값들을 정한 후 많은 수의 시행을 거치게 되면, 해당 시스템이 가지고 있는 성질이 자연스럽게 드러나게 된다. 한 번의 산란에 40 %의 에너지를 잃고 그 산란이 식 (5.5.1)의 확률로 주어진다는 것은 개선이 필요하지만, 더 복잡한 모델이라도 구현하는 것이 그다지 까다롭지 않기 때문에, 풍부한 물리적인 의미들을 담아낼 수 있다,

반면 단점은 시간일 것이다. 1,000개일 때와 100,000개의 결과 차이를 보면 충분히 많은 시행이 필요하다는 것이 명확하다. 그런데, 그림 5.5.2와 같이 괜찮은 결과를 얻기 위해서는 그림 5.5.1보다 무려 100배 더 많은 시뮬레이션 시간이 필요할 것이다. 즉, 원하는 정도의 정확성을 얻기 위해서 필요한 시뮬레이션 시간이 때때로 너무 길어질 수 있는 것이다. 참고문헌 [5-3]에서 다루는 것처럼, Monte Carlo 기법을 이용한 이온 주입 시뮬레이션을 GPU를 활용하여 빠르게 수행하려는 노력들이 이어지고 있다. 현업에서는 정확한 불순물 분포(이를 위해서는 올바른 물리적인 모델과 함께 많은 수의 불순물 이온들이 필요하다. 참고문헌 [5-3]에서 테스트한 이온의 숫자는 백만 개~1억 개 사이이다.)를 적당한 시간(얼마가 적당한지에 대한 기준은 상황에 따라 다를 것이다.) 내에 계산하는 것이 매우 중요한 일일 것이다.

실습 5.5.1은 매우 간단한 모델에 따른 것이며, 산란의 구체적인 물리적인 원인을 따지지 않았다. 이에 대해 설명하며 제5장을 마무리하자. 주입된 불순물 원자는 기판의 실리콘 원자핵 또는 전자와 상호 작용을 할 수 있다. 처음에 높은 에너지를 가지고 주입되었을 때에는 주로 전자와의 상호 작용이 활발하게 일어난다고 한다. 이것은 불순물 원자와 전자 사이의 상호 작용이 불순물 원자의 속력에 비례하기 때문이다. 그리고 불순물 이온의 에너지가 충분히 낮아지고 나면 이제 전자의 영향은 상대적으로 줄어들고, 대신 실리콘 원자핵과의 상호작용이 크게 작용한다고 한다.

CHAPTER
6

공정 에뮬레이션

6.1 들어가며

지금까지 산화 공정(제3장), 확산 공정(제4장), 이온 주입 공정(제5장)에 대해서 다루었다. 비록 이들 공정들이 성격이 크게 다르고, 또한 적용되는 수치해석 기법들이 다르다 하더라도, 이들은 공통적으로 공정이 일어나는 위치 근처의 물리적인 양들의 변화를 최대한 묘사해 보고자 하였다.

이번 장에서 다룰 공정 에뮬레이션은, 이와는 좀 생각을 달리하는 접근법이다. 내부적인 물리량들의 변화를 통해서 반도체 공정을 묘사하는 것이 아닌, 그 결과물인 형상의 변화에만 주의를 기울이는 것이다. 공정 에뮬레이션은 주로 박막 증착 공정이나 식각 공정에 적용되곤 한다.

우리가 청소년 시기의 사람의 키 성장을 묘사한다고 가정해 보자. 공정 시뮬레이션과 같이 접근한다면, 먼저 사람의 내부를 몇 개의 기관들로 나누고, 성장이 일어나는 중요한 지점들을 생각한 후, 유전적인 요인과 다양한 생활 습관 등을 고려하여 각 성장판의 시간에 따른 크기 변화를 고려하고자 할 것이다. 반면 공정 에뮬레이션과 같이 접근한다면, 신체 내부의 어느 부분이 길어져서 사람의 키가 커지는 것과 같은 정보에는 관심이 없고, 겉으로 보이는 외면의 변화만을 묘사하려 할 것이다.

이와 같은 비유만을 본다면, 당연히 공정 시뮬레이션이 더 정확하고 매력적인 접근법으로 보일 수 있겠으나, 실제로 공정 에뮬레이션도 많은 쓰임이 있는 분야이다. 이는 최근의 반도체 소자 구조가 너무 복잡해졌기 때문이다.

6.2 공정 에뮬레이션의 필요성

박막 증착 공정과 식각 공정을 다루기 위해서는 반응을 일으키는 물질의 이동, 표면에서의 반응, 그리고 반응 후에 의한 부산물이 어떻게 빠져나가는지에 대한 고려가 필요할 것이다. 그런데 공정 에뮬레이션에서는 이런 것들을 고려하지 않고, 예를 들어 "6 nm만큼의 실리콘 질화물 막이 생성되었음"과 같은 방식으로 고려하는 것이다.

그럼 자연스럽게 생기는 질문이, "이런 식으로 간단하게 고려할 것이라면 왜 별도의 특별한 방법이 필요한가?"이다. 6 nm만큼의 실리콘 질화막을 추가로 생성하는 것이 복잡한 고려가 필요해 보이지 않아 보인다. 그러나 실제로는 공정 에뮬레이션은 극히 유용한 방법이며, 최근 그 중요성이 매우 높아지고 있다.

구체적인 예를 들기 위해, 2030년대에 사용될 것으로 예상되는 CFET(Complementary Field-Effect Transistor) 소자의 제작 공정에 대한 공정 에뮬레이션 결과를 소개한다. 이러한 복잡한 구조는 우리의 실습으로는 다루기가 어려우며, 김인기 박사(2025년 2월 광주과학기술원 박사 졸업)가 학위기간 동안 개발한 자체 제작 공정 에뮬레이터인 G-Process를 사용하여 얻어졌다. G-Process에 대한 좀 더 자세한 정보는 참고문헌 [6-1]과 참고문헌 [6-2]에서 찾아볼 수 있다.

그림 6.2.1은 CFET 소자의 제작 공정을 다루고 있다. 특히 여기서는 CFET이 일반적인 로직 회로들을 구현하기 위해서 필요한 split-gate 구조를 만드는 법을 나타내고 있다. Split-gate 란 아래위로 적층되어 있는 PMOSFET과 NMOSFET이 하나의 게이트 전극을 공유하지 않고 각자의 게이트 전극에 연결되어 있는 구조를 말한다. 이런 구조들이 대부분이라면, CFET의 장점인 면적 효율성 측면에서 바람직하지 않을 것이다. 그러나 split-gate가 전혀 지원되지 않으면 transmission gate와 같은 몇몇 회로들을 제작하는데 어려움이 있게 된다. (b)는 실리콘 게르마늄 층을 식각해서 채널 층만 남기고 high-k 절연층을 생성하는 것을 보이고 있다. (d)에서는 상부의 NMOSFET 쪽에만 문턱 전압을 추가로 조절하기 위한 층을 증착하는 것을 보이고 있으며, (e)에서 매립된 전력선과 연결될 수 있는 공간을 확보한 후, (f)에서 금속 게이트를 생성하는 것을 보이고 있다. 그러나 이렇게 되면 상부의 NMOSFET도 같이 연결되기 때문에, (g)에서 다시 식각한 후 절연막을 도입하여서 (h)와 같이 분리된 두 개의 게이트 전극

을 완성한다.

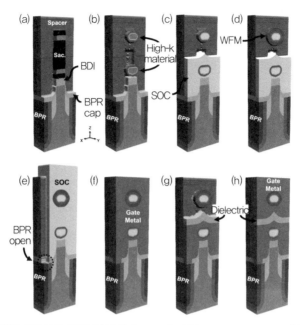

그림 6.2.1 공정 에뮬레이션을 통해 얻어진 CFET 소자의 split-gate 구조 제작 공정.

이렇게 split-gate 구조를 가진 CFET의 공정 과정을 간략하게 설명해 보았지만, 그림 6.2.1과 같은 시각적인 자료가 없다면, 이해하는 것이 무척 어려울 것이다. 머릿속으로 대략적인 개념을 잡는 것도 어려울 텐데, 하물며 반도체 소자 시뮬레이션을 위한 구조 파일을 생성하는 것은 더욱 어려운 일이 될 것이다. 따라서 이러한 상황에서는 복잡한 표면 형상을 가지고 있는 구조를 생성해 내는 것만으로도 큰 공학적인 장점이 있다.

공정 에뮬레이션 적용의 또 다른 예로 3D DRAM(Dynamic Random Access Memory)을 생각해 볼 수 있다. 2025년 초반 현재, 최신 DRAM은 1b, 1c라 불리는 노드에서 생산이 되고 있으며, 계속 셀의 면적을 줄여나가는 데 큰 어려움을 겪고 있다. 이러한 문제를 해결하기 위해서 마치 NAND 메모리가 2010년대 초반에 3D NAND 구조로 전환하여 지금까지 계속 단수를 늘려가면서 용량을 확장했던 것처럼, DRAM의 경우에도 3D DRAM으로 구조를 전환하여 메모리 용량을 더 확장하려는 시도가 계속 되고 있다. 이러한 3D DRAM 구조에서는 공정이 매우 복잡하여 엔지니어들이 구조의 3차원 형상을 이해하는 것이 쉽지 않으며, 이럴 때 공정 에뮬레이션은 큰 도움이 될 수 있다. 그림 6.2.2는 3D DRAM 소자에 대해서 공정 시뮬레이션을 수행하여 얻어진 소자 구조를 보이고 있다. 실제 3D DRAM을 수백 개의 DRAM 소자들이 적층되어 있을 텐데, 공정 에뮬레이션 시간을 줄이기 위해서 오직 2개의 소자만을 고려해 보았다. 역시나 소자의 제작 과정을 머릿속으로 이해하고 있더라도 이러한 구조를 생성하는 것은 간단하지 않을 것이다. 이렇게 실제 제작되는 소자가 복잡한 형상을 가지고 있기 때문에, 오직 겉모양의 변화만을 추적하는 공정 에뮬레이션이 필요한 상황이 생기게 된다.

그림 6.2.2 공정 에뮬레이션을 통해 얻어진 3D DRAM 소자의 제작 공정. 두 개의 DRAM 소자를 포함하고 있는 구조이다. 실제로는 훨씬 더 키가 큰 구조가 생성될 것이다.

지금까지 저자의 연구그룹에서 나온 결과들을 위주로 소개하였으나, 공정 에뮬레이션은 매우 활발하게 활용되고 있다. 참고문헌 [6-3]이나 참고문헌 [6-4]를 보면, 반도체 제조사에서 직접 소자 개발을 위해 공정 에뮬레이션을 사용하고 있음을 확인할 수 있다.

6.3 Level-set 함수

앞선 6.2절에서는 앞으로 채택될 것이 유망한 소자 구조들의 예를 통해서 공정 에뮬레이터의 유용성을 확인할 수 있었다. 그럼 앞 절에서 본 것과 같은 복잡한 공정 에뮬레이션을 할 수 있는 프로그램은 어떠한 원리로 작동하고 있는지를 이번 절에서 다루어 보도록 한다.

먼저 그림 6.3.1과 같이 간단한 반도체 공정의 예를 고려해 보자. 기판의 일부만 노출을 시킨 후 식각을 한다. 이를 통해 기판에는 빈 공간이 생기게 될텐데, 이 빈 공간에 다시 균일하게 박막을 증착한다. 이렇게 구조가 계속 바뀌게 되면 그때마다 mesh를 새로 생성해 주어야 할 것이다. 우리는 이러한 어려움을 이미 제3장의 산화 공정에서 경험한 바 있다. 물론

제2장에서는 2차원 구조만 생각하고, 간단한 mesh 생성 알고리즘을 동원하여 해결하였지만, 좀 더 일반적인 경우로 확장하는 일은 매우 난이도가 높을 것이다. 무엇보다 공정 시뮬레이션 코드는 여러 가지 구조를 다룰 때 늘 정상적으로 동작해야 하므로, 강건성(Robustness)이 중요한데, mesh가 매번 바뀌어 나가는 이런 상황은 강건성 측면에서 특히 바람직하지 않다.

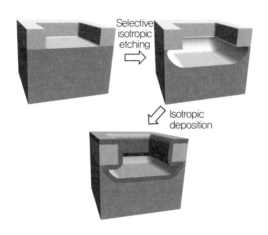

그림 6.3.1 간단한 반도체 공정의 예. 식각과 증착이 일어날 때마다 구조가 달라지므로, mesh를 도입한다면 매번 새로 만들어 주어야 할 것이다.

이렇게 움직이는 경계 문제를 회피하고자 level-set 방법이 제안되었다. 그림 6.3.2에 개념도를 나타내고 있다. 어떤 함수(이 함수를 level-set 함수라고 부르고 Φ로 표기하자.)가 공간의 함수로 정의될 때, 이 함수가 0의 값을 가지는 점들이 있을 것이다. 이러한 0에 해당하는 면(3차원에서는 면이 되며, 2차원에서는 선이 될 것이다.)을 가지고 영역의 표면을 나타내는 것이 level-set 방법의 요체이다. 그림 6.3.2에 나타난 것처럼 level-set 함수의 부호에 따라 영역

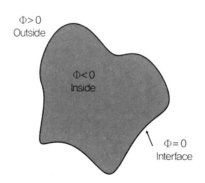

그림 6.3.2 영역을 level-set 방법으로 나타낸 예.

의 내부와 외부가 나뉨을 확인할 수 있다.

　여기까지만 이야기하면, level-set 함수는 상당히 임의적으로 배정할 수 있는 함수라고 생각될 것이다. 예를 들어 내부면 모든 점에서 -1, 외부면 모든 점에서 1, 정확히 경계라면 0, 이런 식으로 정해도 이건 경계를 잘 나타내게 된다. 그렇지만, 실제로는 이처럼 불연속인 함수를 사용하지 않으며, 부호를 붙인 거리(Signed distance)를 level-set 함수로 사용한다. 물론 여기서 부호는 내부의 점이면 (−)이고 외부의 점이면 (+)이며, 거리는 영역을 나타내는 여러 개의 면(3차원에서는 면, 2차원에서는 선분)까지의 거리들 중에서 가장 짧은 값을 취한다.

　Level-set 방법은 구조의 변화를 나타내는 데 적합하지만, 지금 우리가 먼저 해야 하는 것은 표면으로 나타나 있는 어떤 영역을 level-set 함수로 바꾸어서 표현하는 일부터 해야 한다. 일단 level-set 함수를 확립한 이후에 이것의 변화를 통해 구조의 변화를 나타내는 방법을 알아보자. 영역을 나타내는 것은 제2장에서 도입한 vertex file 형식과 비슷한 방식으로 해보자. 즉, 점들을 먼저 적어나가는 것이다. 제2장에서는 vertex file에 점이 기술되는 순서는 아무 의미가 없고, element file에서 이들로부터 삼각형들을 만들어 주었지만, 여기서는 순서가 매우 중요하다. 그리고 별도의 element file을 필요로 하지 않는다고 하자. 이렇게 다른 방식을 택하는 이유는, 이 상황에서는 오직 영역의 겉을 나타내는 하나의 폐곡선만이 필요하기 때문이다.

0.1　0.1

13.6　0.1

14.6　0.5

15.7　1.6

16.1　2.6

15.7　3.6

14.6　4.7

13.6　5.1

0.1　5.1

그림 6.3.3 실습에 사용할 구조를 나타내는 텍스트 입력 파일. 좌표는 nm 단위로 표현되었다. 점들의 좌표들을 나타내고 있는데, 제3장의 vertex file과 달리 점들의 순서가 중요하다. 별도의 element file의 도움 없이 하나의 폐곡선을 나타내고 있다.

이 형식에서 점들은 등장 순서에 따라 서로 인접한 점들까지 연결되어서 선분을 만들며, 특히 마지막 점과 첫 번째 점 역시 별다른 말이 없어도 연결된다고 약속하자. 이 형식은 실습 5.4.1에서 이미 다룬 바 있다.

그림 6.3.4는 그림 6.3.3의 입력 파일에서 나타내는 영역을 보이고 있다. 이 구조는 두께가 5 nm에 해당하고 너비가 15 nm인 nanosheet를 나타내고 있다. 오른쪽과 왼쪽의 모양이 다른 것은 더 많은 경우를 다루기 위해서 의도한 것이다.

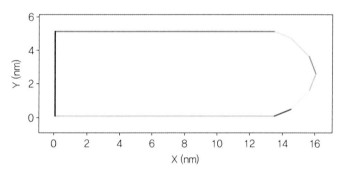

그림 6.3.4 그림 6.3.3의 입력 파일에서 나타내는 영역. 점들을 입력받아서 선분들을 그려나간 결과이다.

위와 같은 구조를 level-set 함수를 가지고 표현하는 것은 어떻게 해야 할까? 먼저 이 영역을 모두 포함하는 직사각형 영역을 설정한다. 이때, 직사각형 영역은 현재의 영역에 딱 맞춰진 것이 아니라, 앞으로 예정되어 있는 공정 에뮬레이션 과정에서 생성될 모든 구조들을 다 포함할 수 있어야 하므로 충분히 넓게 생성되어야 한다. 이 직사각형 영역은 일정한 간격으로 나눠진다. 이에 따라서 격자점들이 생성될 것이다.

격자점들을 구성하고 나서, 이제 level-set 함수를 도입하자. 먼저 한 점에서 영역을 구성하는 선분들까지의 거리들을 구한 다음, 그들 중에 제일 작은 값을 영역 표면까지의 거리로 설정하자.

실습 6.3.1 ────────────────────────────────

임의의 점이 주어지면, 이 점과 영역의 표면을 묘사하는 선분들과의 거리를 계산하여 최솟값을 취하는 기능을 구현하자.

그림 6.3.5는 실습 6.3.1에 따라 현재 고려하고 있는 nanosheet의 단면에서 x 좌표가 5 nm에 가깝고, y 좌표가 2 nm인 점에서 거리를 구해보는 과정을 나타내고 있다. 이 점의 경우, 오른쪽의 반원에 속하는 선분들까지의 거리는 매우 멀어서 표시하지 않았다. (물론 실제 컴퓨터 코드는 그 거리 역시 계산해 봐야 한다.) 그렇게 계산된 값들 중에서 제일 작은 값인 2 nm가 이 점의 거리로 배정된다.

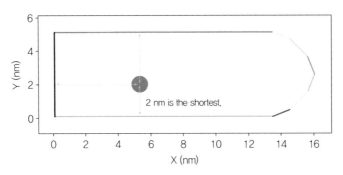

그림 6.3.5 실습 6.3.1을 어느 임의의 점에 대해서 수행한 결과. 가장 가까운 거리인 2 nm가 선택된다.

앞서 이야기한 것처럼, level-set 함수는 부호가 바뀌는 지점인 0을 기준으로 내부와 외부를 구별한다. 실습 5.4.1에서 이미 한 점이 영역의 내부에 있는지를 판단하는 기능을 구현한 바 있으므로, 바로 실습 6.3.1을 발전시켜 level-set 함수를 구성해 보자.

실습 6.3.2

주어진 영역에 대해서, bounding box를 생성하고, 그 bounding box를 균일한 간격(예를 들어 1 nm)으로 나눈 후, 격자점들에 대해서 level-set 함수를 배정하는 프로그램을 작성하자.

현재 고려하고 있는 nanosheet 구조에 대해서 실습 6.3.2를 수행한 결과가 그림 6.3.6에 나타나 있다. 여기서 거리에 해당하는 값이 부호를 가진 level-set 함수이며, 이 함수의 값이 0이 되는 점들이 표면을 구성한다.

주의 깊은 독자라면 이 결과에서 이상한 점을 발견했을 것이다. 고려하고 있는 nanosheet의 두께가 5 nm이므로 level-set 함수의 최솟값은 −2.5 nm가 되어야 할 텐데, 그림 6.3.6의 결과는 오직 −2 nm만을 최솟값으로 나타내고 있다. 앞에서 이미 언급한 것처럼, 우리는 모든 점에

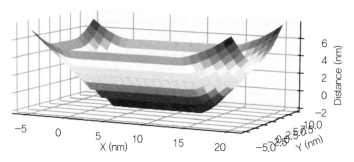

그림 6.3.6 영역의 표면을 구성하는 선분들까지의 거리의 최솟값을 계산한 결과. Level-set 함수의 의미에 맞게 부호가 배정되었음을 유의하자. 전체 공간은 1 nm 간격으로 균일하게 나뉘어졌다.

대해서 level-set 함수를 적용하지 못하고, 일정한 간격으로 나눈 격자점들에서만 이 함수를 배정하고 있다. 그림 6.3.6에서는 bounding box를 1 nm 간격으로 일정하게 나누어서 계산한 결과를 보이고 있기 때문에, 이처럼 최솟값이 −2 nm가 나타나는 것이다. 만약 우리가 bounding box를 0.5 nm 간격으로 일정하게 나눈다면 −2.5 nm를 얻을 수 있을 것이다. 이러한 논의로부터 알 수 있는 것은, 명시적으로 나타나 있던 표면을 level-set 함수를 통해서 표현하도록 옮기는 과정에서, 사용되는 간격에 따라서 결과의 차이가 발생할 수 있다는 점이다.

실습 6.3.3

이제 원래의 영역 정보 대신, 오직 level-set 함수만을 이용하여 함숫값이 0인 점들을 찾아보자. 가로와 세로로 인접한 격자점들을 연결하는 선분들을 생각하고, 선분의 양쪽 끝 점에 배정된 level-set 함수의 부호가 다를 경우에 0에 해당하는 점을 찾아서 표시한다.

그림 6.3.7은 실습 6.3.3을 수행한 결과를 나타내고 있다. 실습 6.3.3에서 구해진 점들과 비교하기 위해서, 원래의 영역을 선으로 나타내어서 겹쳐보았다. 원래의 영역과 level-set 함수로 표현된 영역이 유사함을 확인할 수 있지만, 동시에 완전히 일치하지 않음도 알 수 있다. 이로부터 불가피하게 오차가 발생함을 이해할 수 있다.

지금까지 주어진 영역을 level-set 함수를 이용하여서 표현하는 방법을 다루었다. 일단 한 번 level-set 함수를 이용하여 영역을 표현하고 나면, 계속 level-set 함수의 변화로 구조의 변화를 나타내면 된다. 실제로 공정 에뮬레이션을 수행하다 보면, 표면을 명시적으로 구해서 내부적인 물리량들을 구해야만 하는 경우들이 생긴다. 이때에는 위의 방법처럼 겉면을 생성하

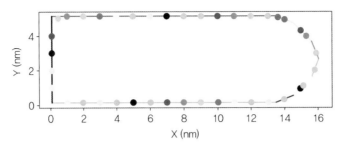

그림 6.3.7 구성된 level-set 함수로부터 다시 구성한 영역. 점들이 이렇게 구성한 점들이며, 선들은 원래 영역을 구성하던 선분들이다.

여서 이를 바탕으로 mesh를 생성하면 되는데, 두 표현법 사이의 정보 교환 과정에서 오차가 발생하기 쉽기 때문에 유의하여야 한다. 이 책에서는 그런 경우들을 생각하지 말고, 초기 구조가 일단 주어지고 나면, 이들의 이후의 변화는 모두 level-set 함수를 사용하여 표현할 수 있다고 생각하자.

6.4. Level-set 방정식

이제 level-set 방정식이라고 불리는 식을 도입해 보자. Level-set 함수를 $\Phi(\mathbf{r},t)$라고 표시할 때, 이 level-set 함수의 시간에 따른 변화는 다음과 같이 나타낼 수 있다.

$$\frac{\partial \Phi}{\partial t} = -\,\mathbf{v}(\mathbf{r},t)\,\cdot\,\nabla \Phi(\mathbf{r},t) \tag{6.4.1}$$

여기서 $\mathbf{v}(\mathbf{r},t)$는 level-set 함수가 바뀌는 속도에 해당한다. 여기서 오른쪽 항의 (−) 부호에 유의하자. 어떤 점이 현재 시점에서 딱 level-set 함수가 0이고, 계속해서 영역에 확장해 간다고 하자. 그러면, $\mathbf{v}(\mathbf{r},t)$와 $\nabla \Phi(\mathbf{r},t)$의 방향이 정렬되어 있을 것이고, 시간이 지나고 나면 그 점에서의 level-set 함수는 음수가 되어야 한다. (−) 부호는 이러한 점을 고려해 준다.

Level-set 함수가 단순히 영역의 경계에서 0이기만 한 것이 아니라, 부호를 붙인 거리라면, 다음과 같이 단순화하여 표현할 수 있다.

$$\frac{\partial \Phi}{\partial t} = -\,v_{normal}(\mathbf{r},t) \tag{6.4.2}$$

이것이 가능한 이유는, $\nabla\Phi(\mathbf{r},t)$가 단위 길이를 가지고 있기 때문이다. 예를 들어 반지름이 R인 원에 대해서 부호를 붙인 거리로 level-set 함수를 구해본다면, $\Phi = r - R$이 될 것이고, 이로부터 구한 $\nabla\Phi(\mathbf{r},t)$는 단순히 radial 방향으로의 단위 벡터가 된다. 여기서 $v_{normal}(\mathbf{r},t)$는 수직 방향, 즉 $\nabla\Phi(\mathbf{r},t)$ 방향의 속력이다.

간단한 예를 통해서, 실제로 이것이 어떻게 구현이 되는지를 살펴보도록 하자. 모든 지점에서 v_{normal}이 0.1 nm sec^{-1}으로 주어진다면 10초가 경과한 후에는 모든 점에서 level-set 함수의 값이 1 nm만큼 줄어들었을 것이다. 20초가 경과한 후에는 2 nm만큼 줄어들었을 것이다. 그런 상황에 대해서 변화된 영역의 표면을 그려보도록 하자.

실습 6.4.1

그림 6.3.6과 같이 level-set 함수를 가지고 표현한 영역에 대해서, level-set 함수를 전체적으로 1 nm, 2 nm를 줄인 후, 다시 그림 6.3.7과 같이 경계를 점으로 표현해 보자.

그림 6.4.1은 실습 6.4.1을 수행한 결과를 보이고 있다. 전체적인 level-set 함수가 2 nm만큼 줄어들었으므로, 0이 나타나는 지점이 더 먼 곳에서 나타나게 된다. 일직선으로 되어 있는 곳에서는 균일하게 2 nm만큼 두꺼워지는 것을 볼 수 있다. 직각으로 꺾인 곳에서는 부채꼴 모양이 나타나며, 오른쪽의 반원 모양은 그대로 유지가 되고 있다.

앞에서는 v_{normal}을 양수로 설정하여 계산한 결과를 보여주었으며, 이것은 증착 공정을 나타낼 수 있었다. v_{normal}을 음수로 설정하면 식각 공정을 나타낼 수 있다.

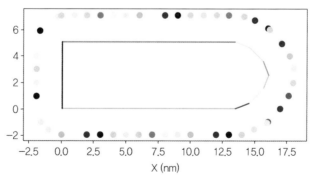

그림 6.4.1 실습 6.4.1을 수행한 결과. Level-set 함수를 전체적으로 2 nm를 줄이고 나서 표현한 경계에 해당하는 점들이다.

그림 6.3.6과 같이 level-set 함수를 가지고 표현한 영역에 대해서, level-set 함수를 전체적으로 1 nm, 2 nm를 키운 후, 다시 그림 6.3.7과 같이 경계를 점으로 표현해 보자.

그림 6.4.2는 실습 6.4.2를 수행한 결과를 보이고 있다. 전체적인 level-set 함수가 1 nm만큼 증가되었으므로, 0이 나타나는 지점이 더 가까운 곳에서 나타나게 된다. 일직선으로 되어 있는 곳에서는 균일하게 1 nm만큼 얇아지는 것을 볼 수 있다.

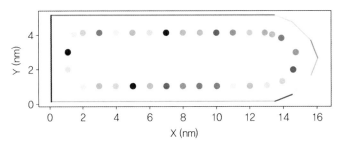

그림 6.4.2 실습 6.4.2를 수행한 결과. Level-set 함수를 전체적으로 1 nm만큼 키우고 나서 표현한 경계에 해당하는 점들이다.

앞의 nanosheet 예제가 아닌, 또 다른 대표적인 구조를 생각해 보자. 작은 구멍이 있는 구조를 생각해 보자. 이 구조를 위한 입력 파일이 그림 6.4.3에 나타나 있으므로 적용해 보자.

0.0   0.0
10.0   0.0
10.0   3.6
5.4   3.6
5.2   0.9
4.8   0.9
4.6   3.6
0.0   3.6

그림 6.4.3 작은 구멍이 있는 구조를 위한 텍스트 파일.

이 입력 파일을 처리하면, 그림 6.4.4와 같이 얇은 트렌치(Trench)가 있는 구조가 생성된다. 이러한 구조는 우리가 공정을 다루다 보면 흔히 보게 되는 구조이다. 물론 실제 의도적으로 생성되는 트렌치의 크기보다 훨씬 좁고 얕지만, level-set 함수의 실습을 위해 고려한 가상적인 구조라고 이해하자.

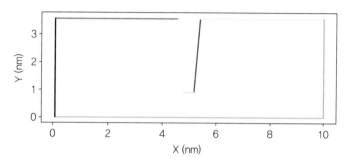

그림 6.4.4 그림 6.4.3의 텍스트 파일을 처리하여 시각화한 결과. 아주 좁은 트렌치(위의 열린 범위가 0.8 nm에 불과하다.)가 가운데 존재한다. 실제적인 값이 아니고 실습을 위한 가상적인 값이다.

이렇게 명시적으로 표면을 나타내는 대신, level-set 함수를 배정하는 작업을 해보면, 그 결과가 6.4.5와 같다. 이 과정은, 이전 실습이 제대로 수행이 되어 있다면 별도의 코드 수정 없이 바로 결과를 얻을 수 있을 것이다. 한 가지, 만약 내부와 외부를 결정하는 코드가 제대로 동작하지 않으면 여기서 부호가 제대로 계산되지 않을 수 있다. 그러므로 이 단계에서 부호에서 문제가 생긴다면, 다시 내부와 외부를 결정하는 알고리즘을 살펴보고 고치도록 하자.

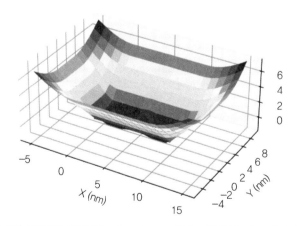

그림 6.4.5 그림 6.4.4의 영역에 해당하는 level-set 함수. 검은색으로 나타나는 내부 영역에서의 level-set 함숫값에서 약간의 변화가 있음을 확인할 수 있다.

v_{normal}을 0.1 nm sec^{-1}으로 맞추고 4초 동안 경과하면, 전체적으로 0.4 nm가 커질 것이다. 이렇게 level-set 함수를 바꾸고 그림을 그려보도록 하자. 시간에 따라서 구멍이 어떻게 줄어 드는지를 확인해 보자.

실습 6.4.3

그림 6.4.4의 구조에 대해서, level-set 함수를 전체적으로 0.1 nm씩 키워가면서 그에 따른 경계점의 변화를 관찰해 보자. 양의 값을 가지고 있으므로 증착 공정에 해당한다.

그림 6.4.6에 나타난 결과를 보면, 초기에 존재하던 트렌치가 증착 공정에 따라서 메워지 는 것을 확인할 수 있다. 이렇게 형상이 바뀌는데도 아무런 어려움 없이 단순히 정해진 격자 점에서의 level-set 함수의 변화만 추적하면 되는 것이 level-set 방법의 큰 장점이다. 동일한 일 을 매번 mesh를 도입하여서 계산하려고 한다면 그리 간단하지 않을 것이다. 특히, 양 옆에서 면들이 다가와 서로 겹치는 현상을 잘 다루는 일이 특히 까다로울 것이다.

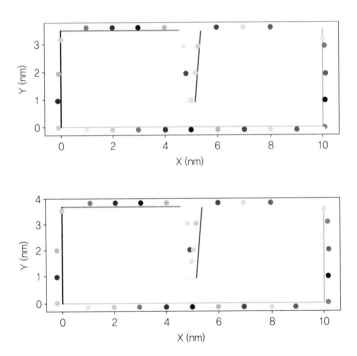

그림 6.4.6 실습 6.4.3을 수행한 결과. Level-set 함수를 0.1 nm, 0.2 nm, 0.3 nm, 0.4 nm로 증가시켜 간 후의 구조가 위에서부터 아래로 차례로 나타나 있다. 0.4 nm가 증가하게 되면, 원래 존재했던 좁은 트렌 치가 다 메꾸어지는 것을 확인할 수 있다. (계속)

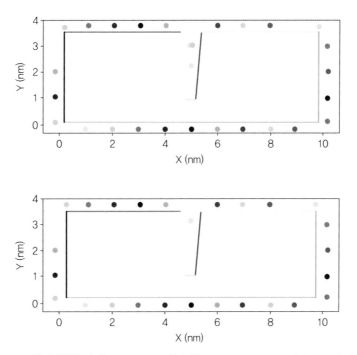

그림 6.4.6 실습 6.4.3을 수행한 결과. Level-set 함수를 0.1 nm, 0.2 nm, 0.3 nm, 0.4 nm로 증가시켜 간 후의 구조가 위에서부터 아래로 차례로 나타나 있다. 0.4 nm가 증가하게 되면, 원래 존재했던 좁은 트렌치가 다 메꾸어지는 것을 확인할 수 있다.

지금까지 살펴본 것으로 level-set 방법의 장점을 잘 파악할 수 있을 것이다. 한 가지 우리가 잘 생각해야 하는 것은 여기서 방향성이 고려되지 않았다는 점이다. 증착 공정을 진행할 때에도 예를 들어 y축 방향으로만 차곡차곡 쌓이는 경우가 있을 수 있다. 겨울에 눈이 올 때, 바람이 불지 않아서 아주 조용하게 눈이 수직으로 떨어진다고 생각하자. 이런 경우에 담벼락의 옆면에는 눈이 쌓이지 않을 것이다. 이러한 비등방성(Anisotropy)의 고려는 바로 v_{normal}을 적절하게 결정해 주어서 이루어진다. 여기서 v_{normal}이 면에 수직한 방향의 속도이므로, 실제로 식각이나 증착이 일어나는 방향과 면에 수직한 방향의 각도를 고려하여 v_{normal}을 결정해 주면 된다. 이러한 내용은 이 책에서 다루기에는 약간 어렵다고 생각되며, level-set 방법에 대해 좀 더 자세히 다룰 기회가 생기면 그때 자세히 다루어보도록 하자.

6.5 발전된 공정 에뮬레이션 기법들

제6장의 마지막 이번 절에서는, 별도의 실습 없이 발전된 공정 에뮬레이션을 위해서 사용되는 기법들을 간략히 소개한다.

6.4절의 실습과 6.2절에 나온 공정 에뮬레이션의 실제 적용예 사이에 상당한 격차가 존재한다는 것을 쉽게 파악할 수 있다. 실습을 모두 잘 수행한 독자라도, 이 경험을 바탕으로 6.2절에 나온 공정 에뮬레이션으로 확장해 보려 한다면 바로 시작하기가 쉽지 않을 것이다. Level-set 방법의 진정한 장점은 복잡한 구조를 손쉽게 다룰 수 있다는 점이므로, 관심 있는 독자가 스스로 더 공부해 보고자 할 때 고려해야 할 몇 가지 사항들을 아래에 정리해 본다. 참고문헌 [6-5]를 참고해 보면 좋을 것이며, level-set 방법의 공정 에뮬레이션 관련하여서는 비엔나 공과대학교의 Institute for Microelectronics에서 많은 기여를 하였으므로 해당 그룹의 연구물들을 확인해 보는 것도 유용할 것이다.

첫 번째로는 3차원 확장이 있을 것이다. Level-set 방법 자체만으로 따지면 2차원에서 3차원으로 차원을 확장하는 것이, 오히려 다른 방법들에 비해 쉬울 것이다. 이것이 level-set 방법의 큰 장점이기도 하다. 3차원 구조에서 구조의 변화에 따라 매번 mesh를 생성해 주지 않아도 되기 때문이다. 그러나 어디까지나 다른 방법들 대비한 상대적인 쉬움이며, 차원을 확장하는 것은 상당한 노력을 필요로 하는 것은 사실이다.

두 번째로는 복수의 영역에 대한 고려이다. 6.4절의 실습들은 의도적으로 오직 한 가지의 영역만 가지고 있도록 준비되었는데, 복수의 영역들이 존재할 경우에는 각각의 영역을 위한 별도의 level-set 함수가 필요하게 된다. 그럼 두 개의 영역에 대한 두 개의 level-set 함수가 있을 때, 이렇게 생성되는 경계면이 동일하여서 모호함 없이 경계면을 만들 수 있어야 한다. 이를 위한 방법이 필요할 것이다.

세 번째로는 효율적인 계산이다. 3차원 구조를 다루는 경우라면 격자점의 개수가 매우 많을 것이며, 또한 모든 격자점에 대해서 level-set 함수를 배정하는 것이 큰 계산량을 필요로 하게 될 것이다. 이러한 어려움을 우회하기 위해서, 오직 경계면 근처에서만 level-set 함수를 계산하고 변경시켜 가면서 효율성을 높이는 방법이 있다. 실제적인 구현에서는 이렇게 효율성을 높이는 것이 매우 중요한 문제가 된다.

네 번째로는 물리적인 모델의 개선이다. 6.4절의 실습에서 본 것처럼, 결국 v_{normal}이 어떤 값들을 가지는지가 생성되는 구조를 결정하게 되는데, 이 물리량을 어떻게 결정해 나가는지가 중요한 문제가 된다. 단위 시간당 식각률이 얼마인지와 같은 정보는 실험적으로 검증이 되어야 올바른 구조를 예측할 수 있을 것이다. v_{normal}이 이와 관련되는 값이지만, 현재의 실습에서는 임의로 설정한 것이며, 실제 공정과의 일치를 위한 조정이 반드시 필요하다.

같은 맥락에서, 공정 과정에 대한 고려가 더 필요하다. 예를 들어서 그림 6.5.1의 개략도에 나온 것처럼, 트렌치의 위쪽 입구가 증착 공정에 의해서 좁혀지다가 막힌 경우를 생각해 보자. 그럼 내부에 생긴 이 void는 위쪽의 가스 층과 분리되어서 더 이상 증착이 일어나지 않을 것이다. 그러나 간단한 level-set 방법을 가지고는 반응을 일으키는 화학 물질이 공급되지 않는다는 것을 알 수 없을 것이기 때문에, 이러한 정보를 알 수 있는 다른 방법들과의 결합이 필요할 것이다.

그림 6.5.1 입구가 막힌 트렌치의 개략도. 중간에 생기는 void의 모양은 실제와는 차이가 있을 수 있다. 일단 이렇게 입구가 막히면 가스 공급이 어려워서 증착이 일어나지 않을 것이다.

마지막으로, 이 장에서는 공정 에뮬레이션의 대표적인 방법인 level-set 방법을 다루었는데, 이 방법만이 공정 에뮬레이션의 유일한 방법은 아니다. 오히려 많은 경우에는, 단순히 기하학적인 방식으로 형상의 변화를 고려하곤 한다. 예를 들어 식각 공정을 다룬다면, level-set 방법을 사용하여 결과적으로 얻어지는 식각 후의 모양이 완전히 딱 수직으로 떨어지지 않고 일정한 각도를 가진 곡선의 형태를 가질 것이다. 그러나 이 부분이 소자 구조에서 그다지 중요하지 않은 부분이라면, 이 식각 공정을 위해 필요 이상의 계산 자원을 투입하고 싶지 않을 것이다. 무엇보다, 공정 에뮬레이션은 소자의 구조를 정확하면서도 빠르게 얻고 싶어서 수행한다는 점을 기억하자. 이러한 이유로, 실제의 공정 에뮬레이션은 좀 더 효율적인 기하학적인 연산(정해진 부피를 삭제, 정해진 물질을 삭제, 정해진 부피에 새로운 물질을 추가 등)과 level-set 방법을 혼용해서 쓸 수 있도록 하고 있다.

CHAPTER

07

·

MOSFET 공정

MOSFET 공정

7.1 들어가며

지금까지 우리는 반도체 소자 제작 과정에 사용되는 몇 가지 단위 공정들을 소개하고, 이들을 위한 수치해석 시뮬레이션을 수행하기 위한 실습들을 진행해 보았다. 비록 다루는 내용의 깊이는 전문 서적들에 비해 부족하지만, 독자에게 문제를 스스로 해석할 수 있는 수단을 제공하였으므로, 이를 활용하여 독자 스스로의 관심사에 적용해 볼 수 있을 것이다.

이 책을 마무리하기 전에 그동안 배운 하나하나의 단위 공정들을 하나의 구조에 적용해 보는 내용을 제공해 본다. 실제로 공정 시뮬레이션의 최종 결과물이 반도체 소자의 구조 및 내부적인 물리량들(불순물 원자 농도 등)임을 생각하면 자연스러운 응용이라고 생각된다.

7.2 서울대학교 반도체공동연구소 0.25 마이크론 CMOS 공정

독자에게 적절한 공정에 대한 예를 제공하고 싶었으나, 여러 가지 제약 사항들이 있었다. 먼저 우리의 실습이 2차원 구조에서 이루어졌기 때문에, 최신의 3차원 소자 구조를 다루기가 어렵다는 점이 있었다. 그래서 평판형(Planar) MOSFET 구조를 찾아야 했다. 이렇게 생각할 경우, 지난 수십 년 동안 평판형 MOSFET 공정이 계속되어 왔기 때문에 정보를 쉽게 찾을 수 있을 것이라 생각하였으나, 막상 찾을 수 있는 정보는 제한되어 있었다.

반도체 소자의 제작 공정과 관련된 세세한 수치들은 제작에 있어서 극히 중요한 정보들이며, 따라서 공개된 것들을 찾기란 어렵다. 물론 오래 전에 도입된 공정들에 대해서는 해당 공정에 대해 다룬 여러 문헌들을 통해서 추정치를 찾아볼 수 있으나, 저자가 여러 개의 근거 자료로부터 임의로 짜깁기하여 제시하는 공정이 독자들에게 현장감을 불러일으키지는 못할 것 같았다. 다행스럽게도 서울대학교 반도체공동연구소에서는 홈페이지(https://isrc.snu.ac.kr)를 통해 0.25 마이크론 소자 공정에 대해서 정보를 공개하고 있어서, 집행부의 허락을 받아서 사용할 수 있게 되었다.

0.25 마이크론 노드에 대한 초기 문헌은 참고문헌 [7-1] 등에서 찾아볼 수 있으며, 1996년 경에 양산에 돌입했다고 한다. 연구소 홈페이지에 따르면, 이 공정은 2008년 1월에 수립되었으며, shallow trench isolation (STI) 공정, $TiSi_2$ 공정, barrier metal / W-CVD, CMP 공정이 도입

		ISRC Lab. Process Sheet (0.25 m CMOS Process)						
Device Type: p(Boron)		Lot No.: 결정방향: (100)		Follower: Resistivity: $6\pm2\Omega$cm			Page: 1/16 Date:	
SEQ.	INCLUDE WAFER	TEST WAFER	INSTRUCTIONS	RECIPE	MEAS.	DATE PLAN/ OUT	QTY IN/OUT	OPER. SIGN
10			WAFER ID. (MARKING) INSPECTION	WFID_001				
20			CLEAN	STDC_001				
30			BUFFER OXIDATION DRY 950 ℃	BFOX_003	200 ± 20 Å			
40			NITRIDE DEPOSITION	ISND_001	2300 ± 230 Å			
50 ~ 70			ACTIVE MASKING HMDS/PR COAT SOFT BAKE ALIGN/EXPOSURE DEVELOP SPIN DRY HARD BAKE (113 ℃)	ATPH_003				
80			SiO_2/Si_3N_4 ETCH	INET_004	2300 Å 20 % OVER			
90			PR ASHING(O_2)	PRAS_002				
100			PR STRIP(WET)	PRSP_001				

그림 7.2.1 서울대학교 반도체공동연구소 홈페이지에 게시된 0.25 마이크론 소자 공정 관련 문서의 첫 번째 페이지. 10 단위로 증가되는 sequence가 1610까지 있다.

되었다. 금속은 2개의 층들이 제공된다.

그림 7.2.1은 공개된 recipe의 첫 번째 페이지를 나타내고 있다. 전체 제작 과정은 160회 이상의 단계로 이루어져 있으며, 매 단계가 성공적인 소자 제작을 위해서 필요할 것이다.

그러나 우리의 목적은 이 소자 구조에 대한 공정 시뮬레이션을 진행하는 것이므로, 실제로 시뮬레이션에서는 고려하지 않아도 되는 과정들이 다수 존재한다. 예를 들어, 첫 번째 단계인 inspection은 실제로는 반드시 필요하지만 시뮬레이션으로 구현할 일은 아니다. 다음 단계인 clean 역시 시뮬레이션 상에서는 구현하지 않는다. 또한 패터닝 과정 역시, 이 책에서는 별도로 고려하지 않아서, 여러 단계로 구성되는 패터닝 과정을 단순히 기하학적인 패턴을 올리는 과정으로 그 결과만 고려할 수 있다. 또한 금속 공정을 다루지 않았으므로, 금속 공정도 빼도록 하자.

표 7.2.1은 이러한 고려를 통해 간략화된 제작 공정을 나타내고 있다. 금속 공정 전까지를 다루고 있다.

표 7.2.1 공정 시뮬레이션에서 고려할 간략화된 제작 공정(계속)

SEQ.	Instructions	Measurement	Simulation
30	Buffer oxidation. Dry, 950 ℃	200 Å	
40	Nitride deposition	2300 Å	
50~70	Active patterning		STI 만들 부분의 실리콘을 500 nm 폭으로 노출
80	SiO$_2$/Si$_3$N$_4$ etch	2300 Å. 20 % over	
110	Trench etch	5000 Å.	
220~230	STI CMP		여기서부터 시뮬레이션 시작
280	Buffer oxidation (Dry, 950 ℃)	100 Å	고려하지 않음
320	N-well implantation, P$^+$, 120 keV, 6×10^{12} cm^{-2}		N-well 영역만 선택적 (Double Pearson. 그러나 tail 분포만 중요함.)
380	P-well implantation, B$^+$, 80 keV, 6×10^{12} cm^{-2}		P-well 영역만 선택적 (Double Pearson)
420	Drive-in (1100 ℃, 11 hours)		전기장 효과 없이 확산 시뮬레이션 수행
430	Buffer oxide strip		고려하지 않음
480	Vt screen oxidation (Dry)	100 Å	고려하지 않음
520	nVt implantation, As$^+$, 120 keV, 4×10^{12} cm^{-2}		N-well 영역만 선택적 (Double Pearson)

표 7.2.1 공정 시뮬레이션에서 고려할 간략화된 제작 공정

SEQ.	Instructions	Measurement	Simulation
580	pVt implantation. BF_2^+, 130 keV, 6×10^{12} cm^{-2}		P-well 영역만 선택적 (Double Pearson. 그러나 tail 분포만 중요함.)
610	Vt screen oxide strip	100 Å	고려하지 않음
630	Gate oxidation	60 Å	고려하지 않음
640	Gate poly deposition	2500 Å	고려하지 않음
680	Gate poly etcher	2500 Å	게이트 0.25 μm 제외한 부분
730	Gate re-oxidation	60 Å	고려하지 않음
770	nLDD implantation, As^+, 20 keV, 5×10^{14} cm^{-2}		P-well 영역에서 게이트 제외 (Double Pearson)
830	pLDD implantation, BF_2^+, 20 keV, 5×10^{13} cm^{-2}		N-well 영역에서 게이트 제외 (Double Pearson)
860	Spacer TEOS deposition	1500 Å	
870	Spacer TEOS etch	1500 Å	이후 과정에서 spacer 길이로 반영
910	nSD implantation, As^+, 70 keV, 5×10^{15} cm^{-2}		P-well 영역에서 게이트와 spacer 제외(Double Pearson)
970	pSD implantation, BF_2^+, 30 keV, 3×10^{15} cm^{-2}		N-well 영역에서 게이트와 spacer 제외(Double Pearson)
1010	Activation RTP, 1050 °C, 10 sec		시간이 짧아서 불순물 원자의 확산이 없으므로 고려하지 않음

7.3 공정 시뮬레이션

앞에서 나온 공정들을 차례차례 진행해 보자. 여기서 우리가 수행하는 것은 주어진 조건과 모델 파라미터들에 따라서 계산된 것이므로, 실제로 제작되는 소자와 일치한다는 보장은 없음을 유의하자. 또한 그동안 우리가 실습하여 다룰 수 있는 능력 범위를 벗어나지 않기 위해서 간략화된 조건들도 있음을 유의하자. 실제 제작 소자와 불순물의 분포나 소자 구조의 형상을 반도체 공정 시뮬레이션으로 정확히 묘사하기 위해서는, 조정 과정이 반드시 필요함을 밝힌다.

그림 7.3.1에서는 시뮬레이션이 진행될 2차원 영역을 나타내고 있다. 두 개의 MOSFET들이 표현되어야 하므로, 폭은 5.0 μm로 설정하였다. NMOSFET과 PMOSFET은 각각 길이가 2.0 μm이며, 가운데와 양 옆에 STI가 있다. 가운데 STI는 폭이 0.5 μm이며, 양 옆은 폭을 반으로 설정하였다. STI의 깊이는 500 nm로 설정하였다. 그림 7.3.1에 그린 것은 STI까지 형성한 결과이며, 초기 구조 생성할 때 고려하였다. 즉, 별도의 시뮬레이션 없이 그냥 설정한 것이다.

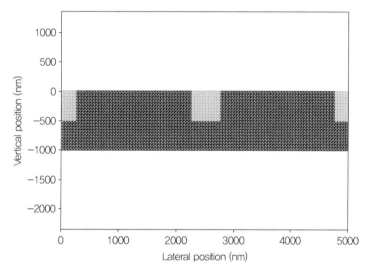

그림 7.3.1 시뮬레이션 영역의 설정. STI까지는 초기에 설정할 때 기하학적으로 다루어 주었다. 검은색 테두리를 가지고 있는 삼각형들은 실리콘 영역을 나타내고, 파란색 테두리를 가지고 있는 삼각형들은 산화물 영역을 나타낸다.

Sequence 280을 보면, buffer oxide를 100 Å만큼 생성하는 부분이 있는데, 이 buffer oxide가 있으면 불순물 원자들의 분포가 좀 더 실리콘 표면에 가깝게 위치하게 될 것이다. 두 개의 서로 다른 물질이 있을 때의 이온 주입 결과를 계산하는 것을 다루지 않았으므로, 여기서는 그냥 buffer oxide 없이 sequence 320과 sequence 380을 진행하도록 하자. Sequence 320의 N-well 이온 주입과 관련된 1차원 결과가 그림 7.3.2에 나타나 있다. 이 계산을 수행하기 위해 사용한 파라미터는 다음과 같다. Head는 R_p, ΔR_p, γ, β가 148 nm, 52.3 nm, −0.0971, 6.02로 주어지며, tail은 같은 값들이 154 nm, 67.8 nm, 0.966, 7.83이다. 그러나 dose가 낮기 때문에 head는 영향을 주지 못하고 전부 tail로 생각해서 계산하도록 하자.

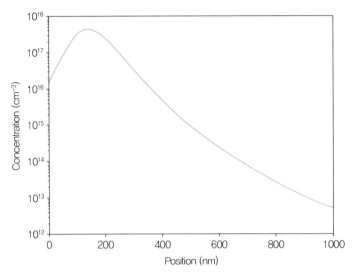

그림 7.3.2 N-well 이온 주입한 1차원 결과. Sequence 320에 따라 인 이온을 120 keV, 6×10^{12} cm^{-2} 조건으로 주입하였다.

같은 방식으로 sequence 380의 P-well 이온 주입과 관련된 1차원 결과가 그림 7.3.3에 나타나 있다. 보론 이온이 인 이온보다 가볍기 때문에 이온 주입 에너지가 다르게 조정되었음을 유의하자. 이 계산을 수행하기 위해 사용한 파라미터는 다음과 같다. Head는 R_p, ΔR_p, γ, β가 256 nm, 75 nm, -0.45, 6.5로 주어지며, tail은 같은 값들이 410 nm, 87 nm, 0.0, 6.14이다. 이

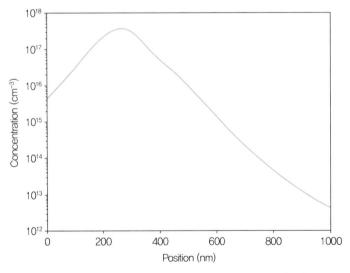

그림 7.3.3 P-well 이온 주입한 1차원 결과. Sequence 380에 따라 보론 이온을 80 keV, 6×10^{12} cm^{-2} 조건으로 주입하였다.

경우에는 head의 영향을 94.5 %로 생각해 보자. 세세한 차이는 있지만, 결국 주된 성분의 R_p에 따라서 분포가 얼마나 깊은지가 결정이 된다. 이 P-well의 경우, 10^{15} cm^{-3}을 기준으로 생각하면 약 620 nm까지는 이보다 높은 농도가 얻어진다. N-well이 같은 값을 약 500 nm에서 보였던 것을 보면 확실히 더 깊이 주입되는 것을 확인할 수 있다.

우리가 만약 잘 짜인 공정 시뮬레이터를 사용한다면, 이렇게 이온 주입에 대해서 1차원 결과를 따로 구하는 것이 아니라, 2차원 구조에 대해서 바로 시뮬레이션을 수행할 수 있을 것이다. 그러나 우리는 직접 코드를 작성하여 실습을 하고 있기 때문에, 이런 완성된 코드를 만들어가기는 어려움이 있다. 그래서 그림 7.3.2와 그림 7.3.3과 같이 1차원 불순물 분포를 구한 후에, 이것을 2차원으로 만들어 주는 일을 하도록 하자. 왼쪽에 있는 N-well 영역에는 그림 7.3.2의 1차원 결과를 그대로 옮겨준 결과가 그림 7.3.4에 나타나 있다. N-well 영역은 노출되어 있어 이온을 받아들였기 때문이다. 그러나 비록 이온 주입의 전체적인 방향이 수직 방향이라 하더라도 개방되지 않은 부분으로도 불순물 이온들이 퍼져나가기 마련이다. 이러한 수평 방향으로의 이동은 수직 방향 불순물 분포에 노출된 영역으로부터 떨어져 있는 정도를 가지고 설정해 줄 수 있다. 오른쪽에 있는 P-well 영역에도 유사한 작업을 수행할 수 있을 것이다.

다음으로 sequence 420에서 1100 °C에서 11시간 동안 확산 공정을 시키는데, 이때에는 segregation이 중요한 영향을 미칠 것이다. 그렇지만 우리는 현재 이 buffer oxide는 고려하고 있지 않으므로, 이 표면을 통한 segregation은 생각하지 않기로 한다. 대신 STI는 이미 있는

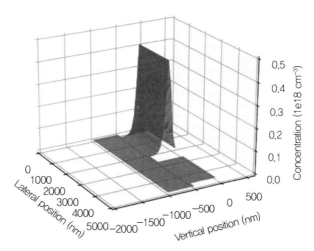

그림 7.3.4 N-well 1차원 이온 주입 결과를 2차원 구조에 대입한 결과. 실리콘이 노출된 부분에서는 그림 7.3.2를 그대로 사용하였다. P-well 영역에는 아직 주입되지 않았다고 생각한 결과이다.

구조이므로, 이를 통해서 segregation의 영향을 간접적으로 파악해 보도록 하자. 또한, 전기장 효과를 무시하도록 하자. 공정 온도인 1100 ℃에서 인 원자와 보론 원자의 diffusivity는 각각 1.46×10^{-13} cm^2 sec^{-1}, 1.42×10^{-13} cm^2 sec^{-1}을 사용하자.

이제 N-well과 P-well이 생성되었는데, 여기에 문턱 전압을 맞추어주기 위해서 더 많은 이온 주입이 필요하다. 이때에도 Vt screen oxide를 100 Å만큼 생성하는 sequence 480이 있으나 고려하지 않고, 바로 다음의 sequence 520과 sequence 580을 수행한다. Sequence 520에서는 N-well에 비소 이온을 120 keV, 4×10^{12} cm^{-2}이라는 조건으로 주입한다. 처음에 N-well을 형성할 때에 비해 dose는 2/3 수준이며 에너지는 같은데, 비소 이온이기 때문에 좀 더 얇은 위치에 주입된다. Sequence 580은 P-well에 BF$_2^+$ 이온을 130 keV, 6×10^{12} cm^{-2}이라는 조건으로 주입한다. Sequence 380이 같은 dose를 사용하고 있지만, 더 무거운 BF$_2^+$ 이온을 사용하여서 R_p가 줄어들게 된다. 여기서도 tail만 중요한데, 네 가지 파라미터는 110 nm, 53.2 nm, 0.421, 6.39이다.

Sequence 770과 sequence 830은 상대적으로 낮은 LDD 이온 주입이다. 이때에는 250 nm 길이를 가지고 있는 게이트 영역을 빼고 고려해 준다. 이후에 spacer 생성을 하는데, spacer의 길이는 별도의 시뮬레이션을 하지 말고 60 nm에서 80 nm 사이의 값으로 정해 본다. 이후로, 250 nm 게이트와 양 옆의 spacer 길이를 뺀 위치에 sequence 910과 sequence 970을 수행해 본다. 마지막의 RTP(Rapid Thermal Processing)는 매우 짧은 시간 수행되므로 불순물의 분포를 바꾸지는 않을 것이다. 다만 RTP의 역할은 불순물의 확산이 아니라 활성화(activation)를 위한 것임을 기억하자. 단순히 불순물의 분포만이 아니라 활성화된 불순물(즉, 대체 위치를 차지하고 있는 불순물)의 분포를 고려하는 경우라면 빠짐없이 시뮬레이션해 주어야 할 것이다. 이 예제에서는 간단한 1-stream 모델을 사용하고 있으므로 이러한 면을 고려하지 않았다.

이 시뮬레이션에서는 주로 불순물의 분포가 가장 중요한 결과물일 것이다. 이 결과가 실제 제작되는 소자의 그것과 완전히 같지는 않겠지만, 이번 절에 나온 과정을 따라서 직접 계산을 해보는 경험이 실질적인 값들에 대한 감을 잡는 데 도움이 되기를 희망한다.

CHAPTER

08

·

마무리

마무리

8.1 요약

이 책에서는 계산전자공학, 그중에서도 반도체 공정 시뮬레이션의 가장 기본적이며 핵심적인 주제들을 선정하여, 순차적으로 난이도를 높여가며 다루어 보았다. 제2장에서 기본적인 수치해석 기법들을 학습하여서 다차원 구조와 시간에 따른 변화를 다룰 수 있게 되었다. 제3장에서는 산화 공정의 간단한 모델인 Deal-Grove 모델을 유도하고 수치해석 코드를 작성해 보았다. 제4장에서는 확산 공정을 다루었으며, 제5장에서 이온 주입 공정을 다루었다. 특히 Monte Carlo 방법에 대한 소개가 이루어졌다. 제6장에서는 최근 그 중요성이 매우 높아진 공정 에뮬레이션을 소개하고, 이를 통해 박막 증착 공정과 식각 공정을 다루었다.

이러한 구성은 계층적이지 않으며, 각각의 공정에 따라서 매우 상이한 접근방법들이 적용되었다. 이것이 공정 시뮬레이션 분야의 특성이라 생각하며, 이러한 다양성은 한편으로는 반도체 소자를 제작하기 위해 우리가 투입하고 있는 수많은 노력의 결과물이라고 생각된다. 이 책에서는 그림들을 작성하는 데 사용했던 Python 코드들을 공개하는 대신, 자신의 구현이 맞는지 확인할 수 있도록 자세한 단계별로 나누어서 결과들을 수록하였다. 계산전자공학에서 자신이 직접 동작하는 코드를 작성하는 것은 소중한 경험이므로, 바로 결과가 나오지 않더라도 차분하게 계속 시도해 보기를 권한다.

부디 독자들이 차근차근 접근하여, 계산전자공학이라는 흥미롭고 또한 중요한 연구 분야에 대한 이해를 높여나가는 데 도움이 되었으면 한다.

8.2 다루지 못한 관련 주제들

이 책은 공정 시뮬레이션에 대한 입문서가 없는 상황을 해소하고자 쓰였기 때문에, 높은 전문성을 요구하는 내용들을 다룰 수가 없었다. 이에 따라 중요하지만 다루지 못한 주제들이 많이 있다. 이 절에서는 이러한 주제들을 순서 없이 나열해 보기로 한다.

| 포토리소그래피 시뮬레이션 |

포토리소그래피(Photolithography)는 반도체 소자를 제작하기 위한 미세한 패턴을 실리콘 기판 위에 생성하는 공정이다. 포토레지스터(Photoresistor)라는 물질들로 이루어진 층에 패턴을 그리게 되는데, 이 물질들의 성질을 이용하여 식각 공정 등을 통해 실리콘이나 절연막에 이 패턴을 옮길 수 있다. 포토레지스터는 빛에 화학적으로 반응하여 성질이 바뀌게 되는데, 미세한 패턴을 생성할 때에는 빛의 굴절 때문에 마스크(mask)의 패턴과 포토레지스터에 실제로 비춰지는 빛의 패턴이 다르게 된다. 이를 위해서 OPC(Optical Proximity Correction)라고 불리는 작업이 필요하게 된다. 이러한 OPC 작업을 하는 데에는, 빛의 굴절을 고려하는 프로그램이 필요하게 되며, 이는 매우 중요한 부분이다. 그러나 이러한 OPC는 통상적인 공정 시뮬레이션의 범주에는 포함되지 않으며 독립적인 분야로 간주되므로, 이 책에서는 다루지 못하였다.

| DFT 시뮬레이션 |

만약 이 책이 이론적인 엄밀함을 우선시하는 책이었다면, 이상적으로는 DFT(Density Functional Theory. 밀도 범함수 이론)에 대한 내용에서부터 시작하는 것이 옳을 것이다. DFT는 원칙적으로 별도의 파라미터 조정이 필요하지 않은 제1원리 계산법이며, 평형 상태에서 원자들의 집합이 가지게 되는 에너지를 계산해 줄 수 있다. 이를 활용하여 공정 중에 생기는 구조들에 대한 정보를 줄 수 있다. 많은 경우, 공정 시뮬레이션에서 필요한 근본적인 물리량들이 DFT 시뮬레이션을 통해 얻어지곤 한다.

DFT 시뮬레이션은 별도의 전문적인 프로그램들이 많이 존재한다. 'VASP'은 오스트리아 빈 대학에서 개발해 오고 있는 대표적인 DFT 코드이며, SIESTA, Quantum ESPRESSO 등의 고도로 발전된 코드들이 오픈 소스 형식으로 제공되고 있다. 물론 반도체 분야에서는 'Synopsys'의 QuantumATK와 같은 상용 프로그램도 널리 사용된다.

그러나 DFT는 그 이론과 구현 측면에서 이러한 입문서에서 다루기에는 적합하지 않다고 판단되어 다루지 않았다. 전자공학을 전공한 저자의 능력을 한참 벗어나는 주제이다. 이에 대해서는 전문적인 서적을 참고하는 것이 필요하다. 또한 많은 대표적인 코드들이 오픈 소스 형식으로 제공되므로 시간을 들여서 코드를 살펴보는 것도 가능할 것이다.

| MD 시뮬레이션 |

MD(Molecular Dynamics. 분자 동역학) 시뮬레이션은 앞서 말했던 DFT 시뮬레이션과는 다르게, 원자들의 움직임을 시간에 따라서 시뮬레이션하고자 한다. 원자들 간의 거리가 가까워지면 서로 상호작용을 하게 되는데, 이에 대한 다양한 수준의 묘사가 가능하며, 물론 더 좋은 근사는 더 많은 계산량을 필요하게 된다. 최근에는 원자들 사이의 상호작용을 나타내는 포텐셜 에너지를 기계학습법을 통해서 나타내는 방법이 각광을 받고 있다. MD 시뮬레이션은 소형화가 진행된 현재의 반도체 공정, 특히 결함 상태와 관련한 연구에서 필수적인 도구이지만, 이 책의 범위를 넘어서는 것이라 판단하여 다루지 않았다.

| KMC 시뮬레이션 |

KMC(Kinetic Monte Carlo)도 역시 원자가 경험하는 사건들을 묘사하기 위해서 사용되는데, 주어진 시간 동안 모든 원자들의 거동을 살피는 MD와는 다르게, 특정한 이벤트가 일어날 확률을 계산하여서 그 이벤트가 발생할 때까지는 현재의 상태를 유지한다고 생각해 준다. 이러한 방식으로, 특별한 이벤트가 일어나기 전까지의 통상적인 시간들을 빠르게 건너뛸 수 있다. 물론 이러한 장점은 개별 원자들의 움직임에 대한 정보를 추적하지 않겠다는 생각이 있어서 가능한 것이다. KMC는 최신 MOSFET의 소스/드레인 에피 성장을 시뮬레이션할 때 매우 유용하게 사용된다. 앞서 level-set 방법에 대한 설명에서 성장 중에 구조가 변화하여 가스 유량이 달라져서 결과가 달라지는 경우를 다루었는데, KMC는 이러한 경우에 유용하게 사용될 수 있는 중요한 방법이다. KMC를 이 책에서 다루지 못한 이유는 오로지 저자의 전문성이 부족하기 때문이다. MD 시뮬레이션에서 적절한 파라미터를 추출하여 KMC 시뮬레이션에 적용한 예는 참고문헌 [8-1]에서 찾아볼 수 있다.

| 스트레스(Stress) 시뮬레이션과 FEM 기법 |

스트레스 시뮬레이션은 공정 시뮬레이션과 소자 시뮬레이션 양쪽에서 매우 중요한 영역이다. 이것은 최신 반도체 소자는 실리콘 채널에 스트레스를 인가하여 전자 및 홀의 이동도를 높이고 있기 때문이다. 스트레스 시뮬레이션을 하기 위해서는 널리 사용되는 FEM(Finite Element Method. 유한요소법)에 대한 설명이 필요하다. 무척 중요한 영역이지만, FEM까지 다루기에는 분량이 너무 많아진다는 생각에 이 책에서는 다루지 않았다. 제2장에서 산화 공정을 다루면서, 마지막에 산화막의 구조 변형을 다루지 못한 것도 FEM을 다루기 어려운 것과 깊게 관계가 있다. FEM은 전통적인 의미의 TCAD에서 상대적으로 덜 다루어지던 주제이지만, 최근 기술의 급격한 발전에 따라 앞으로는 더 적극적으로 채택될 것이라 생각된다. 계산전자공학이 다루는 범위를 새로 정의하고 이에 대해 연구를 해나가는 것이, 현 시대를 살아가는 연구자들의 몫이라 생각한다. 원자 수준과 연속체 수준의 방법론을 혼합하여 스트레스 시뮬레이션에 적용한 흥미로운 연구는 참고문헌 [8-2]에서 찾아볼 수 있다.

| 소자 시뮬레이션과의 연동 |

공정 시뮬레이션은 이 결과물로 반도체 소자 구조를 만들게 된다. 이것이 그저 구조 생성이 가능하다는 점을 확인하는 데만 사용된다면, 공정 시뮬레이션의 공학적인 중요성은 상당히 낮아질 것이다. 공정 시뮬레이션이 그 진정한 가치를 나타내기 위해서는, 소자 시뮬레이션과의 연동을 통해, 공정의 변화가 소자 성능의 변화로 어떻게 반영되는지 파악할 수 있어야 한다. 이러한 측면에서, 공정 시뮬레이션의 결과를 어떻게 소자 시뮬레이션에서 사용하기 편리한 형태로 전환해 줄 것인가 하는 것도 매우 중요한 주제 중의 하나이다. 특히 전작인 『계산전자공학 입문』을 읽었던 독자들이라면, 이 책과의 연동을 통해서 전체 TCAD 시뮬레이션 흐름을 직접 구성하고 싶은 생각이 들 것이다. 이 책은 현재 공정 시뮬레이션에 대한 입문서가 전무한 상황을 고려하여 만들어진 것이기 때문에, 전체 TCAD를 조망하는 관점까지는 제공하지 못하고 있다.

관심 있는 독자가 최근의 연구 동향을 파악하는 데에는 소자 시뮬레이션의 경우와 마찬가지로 IEDM이나 SISPAD 등의 학회 발표 논문이나 <IEEE Transactions on Electron Devices> 등의 국제 저널 논문을 참고하면 유용할 것이다.

저자의 입장에서 스스로 판단해 볼 때, DFT, MC, KMC로 이어지는 원자 수준의 계산 방법론이 모두 빠져있는 것은 이 책의 큰 단점이다. 관련한 입문서로는 참고문헌 [8-3]과 참고문헌 [8-4]가 있다고 한다. 미래의 공정 시뮬레이션은 갈수록 위와 같은 원자 수준의 계산 방법론에 의존할 것이기 때문에, 이에 대한 논의는 앞으로 가면 갈수록 더 중요해질 것이다. 이 책은 전통적인 좁은 의미로서의 공정 시뮬레이션을 소개하는 역할을 위해서 쓰였기 때문에, 현재도 중요하고 앞으로는 더 중요해질 이러한 방법론들을 다룰 수가 없었으며, 이는 독자의 너른 이해를 바란다.

참고문헌

모든 장에 걸쳐서 자주 참고한 네 개의 참고문헌은 다음과 같이 표시하였다.

[Plummer2000] J. D. Plummer, M. Deal, P. B. Griffin, Silicon VLSI Technology: Fundamentals, Practice and Modeling, Prentice Hall Inc., 2000.

[Plummer2024] J. D. Plummer, P. B. Griffin, Integrated Circuit Fabrication: Science and Technology, Cambridge University Press, 2023.

[Choi] 최우영, 박병국, 이종덕, 실리콘 집적회로 공정기술의 기초, 제4판, 문운당, 2011.

[Hong] 홍성민, 박홍현, 계산전자공학 입문, GIST PRESS, 2021.

그밖에 각 장의 참고문헌들은 다음과 같다.

• 제1장 •

[1-1]   D. A. Antoniadis, R. W. Dutton, "Models for computer simulation of complete IC fabrication process," IEEE Transactions on Electron Devices, vol. 26, pp. 490-500, 1979. Joint issue이기 때문에 다음도 동일한 논문이다. D. A. Antoniadis, R. W. Dutton, "Models for computer simulation of complete IC fabrication process," IEEE Journal of Solid-State Circuits, vol. 14, pp. 412-422, 1979.

[1-2]   H. Ryssel, K. Habrger, K. Hoffmann, G. Prinke, R. Dümcke, A. Sachs, "Simulation of doping processes," IEEE Jounral of Solid-State Circuits, vol. 15, pp. 549-557, 1980.

[1-3]   W. G. Oldham, S. N. Nandgaonkar, A. R. Neureuther, M. O'Toole, "A general simulator for VLSI lithography and etching processes: Part I – Application to projection lithography," vol. 26, pp. 717-722, 1979. 이 논문 역시 IEEE Journal of Solid-State Circuits와의 joint issue에 실려있다.

[1-4]   J. Lorenz (ed.), 3-Dimensional Process Simulation, Wien:Springer, 1995.

• 제2장 •

[2-1]   TetGen의 홈페이지는 https://wias-berlin.de/software/index.jsp?lang=1&id=TetGen에서 찾아

볼 수 있다. 또한 관련 참고문헌으로는 다음 논문이 추천된다. Hang Si. 2015. "TetGen, a Delaunay-Based Quality Tetrahedral Mesh Generator". ACM Trans. on Mathematical Software. 41 (2), Article 11 (February 2015), 36 pages. DOI=10.1145/2629697 http://doi.acm.org/10.1145/2629697

[2-2]   Qhull의 홈페이지는 http://www.qhull.org/에서 찾아볼 수 있다.

[2-3]   C. W. Gear, Numerical Initial Value Problems in Ordinary Differential Equations, Prentice Hall, Englewood Cliffs, New Jersey, 1971.

[2-4]   R. E. Bank, W. M. Coughran, W. Fichtner, E. H. Grosse, D. J. Rose, R. K. Smith, "Transient simulation of silicon devices and circutis," IEEE Transactions on Computer-Aided Design, vol., 4, pp. 436-451, 1985.

• 제3장 •

[3-1]   E. Rosencher, A. Straboni, S. Rigo, G. Amsel, "An ^{18}O study of the thermal oxidation of silicon in oxygen," Applied Physics Letters, vol. 34, pp. 254-256, 1979.

[3-2]   B. E. Deal, A. S. Grove, "General relationship for the thermal oxidation of silicon," Journal of Applied Physics, vol. 36, pp. 3770-3778, 1965.

[3-3]   D. Chin, S.-Y. Oh, Sh.-M. Hu, R. W. Dutton, J. L. Moll, "Two-dimensional oxidation," IEEE Transactions on Electron Devices, vol. 30, pp. 744-749, 1983.

• 제4장 •

[4-1]   C. Ahn, J. Jeon, S. Lee, W. Choi, D. S. Kim, N. E. B. Cowern, "Generalization of Fick's law and derivation of interface segregation parameters using microscopic atomic movements," International Conference on Simulation of Semiconductor Processes and Devices, 2024.

[4-2]   N. E. B. Cowern, G. F. A. van de Walle, D. J. Gravesteijn, C. J. Vriezema, "Experiments on atomic-scale mechanisms of diffusion," Physical Review Letters, vol. 67, pp. 212-215, 1991.

[4-3]   S. Dunham, "A quantitative model for the coupled diffusion of phosphorous and point defects in silicon," Journal of the Electrochemical Society, vol. 139, pp. 2628-2636, 1992.

• 제5장 •

[5-1]   A. F. Tasch, H. Shin, C. Park, J. Alvis, S. Novak, J. Pfiester, "Accurate profile simulation parameters for BF$_2$ implants in pre-amorphized silicon," IEEE Transactions on Electron Devices,

vol. 6, pp. 149-152, 1989.

[5-2]   A. F. Tasch, H. Shin, C. Park, J. Alvis, S. Novak, "An improved approach to accurately model shallow B and BF2 implants in silicon," Journal of the Electrochemical Society, vol. 136, pp. 810-814, 1989.

[5-3]   F. Machida, H. Koshimoto, Y. Kayama, A. Schmidt, I. Jang, S. Yamada, D. S. Kim, "GPGPU MCII for high-enery implantation," Solid State Electronics, vol. 199, p. 108520, 2023.

• 제6장 •

[6-1]   I. K. Kim, S.-C. Han, G. Park, G-T. Jang, S.-M. Hong, "Effect of Si separator in Forksheet FETs on device characteristics investigated by using in-house TCAD process emulator and devcie simulator," International Conference on Simulation of Semiconductor Processes and Devices, 2023.

[6-2]   S.-W. Jung, I. K. Kim, K.-W. Lee, S.-M. Hong, "Simulation of monolithic CFET with split-gate structure," International Conference on Simulation of Semiconductor Processes and Devices, 2024.

[6-3]   W. Choi, H.-K. Noh, H.-H. Park, A.-T. Phan, S. Jin, B. Lee, C. Ahn, H. Kubotera, D. S. Kim, "Hierarchical simulation of monolithic CFETs using atomistic and continuum models," International Conference on Simulation of Semiconductor Processes and Devices, 2024.

[6-4]   K. S. Choi, S. H. Kim, J. W. Seo, H. S. Kang, S. W. Chu, S. W. Bae, J. H. Kwon, G. S. Kim, Y. T. Park, J. H. Kwak, D. I. Song, S. M. Park, Y. T. Kim, K. C. Jang, J. S. Cho, H. S. Lee, B. H. Lee, J. W. Park, J. H. Lee, H. Kwon, D. S. You, C. S. Hyun, J. J. Lee, S. C. Lee, I. D. Kim, J. H. Myung, H. S. Won, J. H. Chun, K. H. Kim, J. H. Kang, S. B. Kim, K. H. Lee, S. O. Chung, S. S. Kim, I. S. Jin, B. K. Lee, C. W. Kim, J. Park, S. Y. Cha, "A three dimensional DRAM (3D DRAM) tehcnology for the next devices," Symposium on VLSI Technology and Circuits, 2024. 특히 두 페이지 길이의 초록과 함께 배포된 발표 슬라이드에서 공정 에뮬레이션 결과를 확인할 수 있다.

[6-5]   O. Ertl, S. Selberherr, "A fast level set framework for large three dimensional topography simulations," Computer Physics Communications, vol. 180, pp. 1242-1250, 2009.

• 제7장 •

[7-1]   N. Kasai, N. Endo, H. Kitajima, "0.25 μm CMOS technology using p+ polysilicon gate

PMOSFET," International Electron Devices Meeting, 1989.

• 제8장 •

[8-1]   J. Jung, G. Yoo, A. Schmidt, W. Song, H. Kubotera, M. Raju, B. Lee, W. Choi, A. Payet, H. Koshimoto, Y. Kayama, B. S. Kim, C. Lee, M. Koo, J. Jeon, S. Lee, D. S. Kim, "Atomistic multiscale simulation-based extraction of design margins in advanced transistor architectures," International Conference on Simulation of Semiconductor Processes and Devices, 2024.

[8-2]   H.-H. Park, C. Ahn, W. Choi, K.-H. Lee, Y. Park, "Multiscale strain simulation for semiconductor devices base on the valence force field and the finite element methods," International Conference on Simulation of Semiconductor Processes and Devices, 2015.

[8-3]   J. Thijssen, Computational Physics, Cambridge University Press, 2nd edition, 2007.

[8-4]   R. M. Martin, Electronic Structure: Basic Theory and Practical Methods, Cambridge University Press, 2004.

찾아보기

지은이 소개

• **홍성민** •   홍성민은 2001년과 2007년에 서울대학교에서 학사 학위와 박사 학위를 받았습니다. 독일 뮌헨 연방군 대학교에서 박사후 연구원으로 일한 이후에, 2011년부터 2013년까지 미국 캘리포니아주 산호세에 있는 삼성 연구소에서 일했습니다. 2013년에 광주과학기술원에 부임하여 현재 부교수로 재직 중입니다. 연구 주제는 반도체 소자 시뮬레이션이며, IEEE Transactions on Electron Devices의 Associate Editor로 활동하고 있습니다.

계산전자공학입문-반도체 공정

초 판 인 쇄 2025년 3월 20일
초 판 발 행 2025년 3월 31일

저   자 홍성민
발 행 인 임기철
발 행 처 GIST PRESS

등 록 번 호 제2013-000021호
주   소 광주광역시 북구 첨단과기로 123(오룡동)
대 표 전 화 062-715-2960
팩 스 번 호 062-715-2069
홈 페 이 지 https://press.gist.ac.kr/
인쇄 및 보급처 도서출판 씨아이알(Tel. 02-2275-8603)

I S B N 979-11-90961-26-4 (93560)
정   가 20,000원

ⓒ 이 책의 내용을 저작권자의 허가 없이 무단 전재하거나 복제할 경우 저작권법에 의해 처벌받을 수 있습니다.

본 도서의 내용은 GIST의 의견과 다를 수 있습니다.